Android スマートフォン 迷わず使える 操作ガイド (2021-2022)

アンドロイド

standards

はじめて手にしたスマートフォン。
基本操作すらお手上げ状態…。
そんな人も迷うことなく
すぐに使いこなせるようになります。

C O N T E N T S

SECTION 01 基本の操作ガイド

SECTION 02 アプリの操作ガイド

SECTION 03 もっと役立つ便利な操作

本書の解説に関する注意点

はじめにお読みください

本書の記事は、できる限り多くの機種に対応した内容を目指して作成していますが、Androidスマートフォンの性質上、お使いの機種や通信キャリア、Androidのバージョンによっては、機能およびメニューの有無や名称、表示内容、操作手順などが記事の内容とことなる場合があります。あらかじめご了承ください。

スマートフォンのホーム画面について

操作の出発点となるメインの画面を「ホーム画面」と呼ぶが、そのホーム画面をいくつかの種類から選択できる機種も多い。たいていは、それぞれの機種標準のホーム画面と「かんたんホーム」や「シンプルホーム」といった簡略化したホーム画面、さらにドコモ版には独自の「docomo LIVE UX」というホーム画面が用意されている。本書では、「AQUOS Home」や「Xperiaホーム」といった機種標準のホーム画面を使用して解説を行っている。「かんたんホーム」や「docomo LIVE UX」は操作法が大きく異なるため、あらかじめ通常のホーム画面に設定を変更しておこう。

ホーム画面の切り替え方法

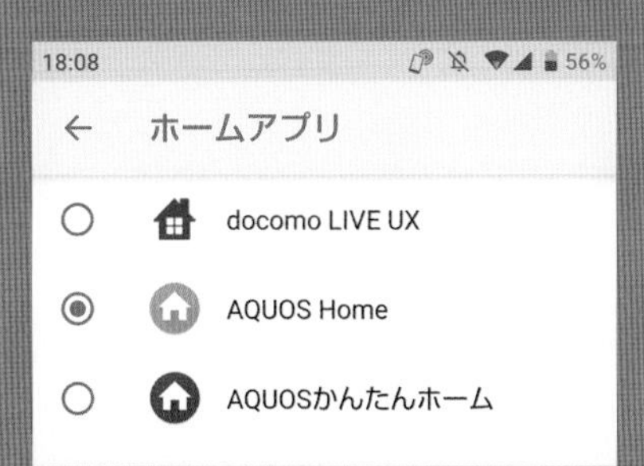

機種によって異なるが、「設定」の「ホーム切替」や、同じく「設定」の「アプリと通知」→「標準のアプリ」→「ホームアプリ」、また「設定」の「アプリ」にある3つのドットのボタンをタップした上で「標準アプリ」→「ホーム画面」を開く。「docomo LIVE UX」や「かんたんホーム」、「シンプルホーム」などが選択されている場合は、「AQUOS Home」や「Xperiaホーム」、「One UIホーム」といった機種標準のホーム画面に変更しよう。

Androidのアップデートについて

Androidスマートフォンは、「Android」というソフトウェアで動作している。このAndroidは、新機能の追加や不具合の修正などを施したアップデートプログラムが時々配信される。「ソフトウェア更新」などの通知が届いた場合は、タップしてアップデートの処理を行おう。なお、アップデートは急いで行う必要もないので、よくわからない場合はひとまずそのままにしておき、本書を読んでさまざまな操作を習得した後にあらためて処理しよう。

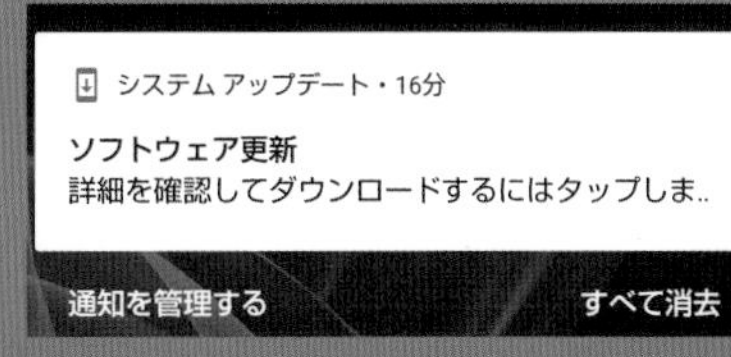

このような通知が表示されたらタップしてアップデートの処理を行う。

更新サイズ: 517.0 MB

ダウンロードとインストール

あとからアップデートを行う場合や、アップデート配信の有無を確認したいときは、「設定」の「システム」にある、「システムアップデート」や「ソフトウェア更新」をチェックしよう。

記事掲載のQRコードについて

本書の記事には、アプリの紹介と共にQRコードが掲載されているものがある。このQRコードを読み取ることによって、アプリを検索して探す手間が省ける仕組みだ。主要な機種では、標準のカメラアプリを起動し、QRコードに向けるだけで読み取り可能。標準カメラアプリで読み取れない場合は、下記のアプリ「QRコードリーダーとバーコードスキャナ」がおすすめ。まずはPlayストアからインストールしよう(インストール手順はP36の記事No033で解説)。

QRコードリーダーとバーコードスキャナ
作者/QR Easy
価格/無料

スマートフォン標準のカメラアプリを起動し、QRコードに向けると自動でスキャンされる。「QRコードの読み取り成功」などのバナーが表示されたらタップしよう。Playストアが起動し、該当アプリのインストールページが表示される。「QRコードリーダーとバーコードスキャナ」を使う場合は、アプリを起動しQRコードへカメラを向け、スキャン完了の画面で「リンクを開く」をタップすればよい。

01

Section

基本の操作ガイド

まずはAndroidスマートフォンの基本操作をマスターしよう。本体に搭載されているボタンの役割や、操作の出発点となるホーム画面の仕組み、タッチパネル操作の基本など、スマートフォンをどんな用途に使うとしても必ず覚えなければいけない操作を総まとめ。

基本

001 端末の側面にある電源ボタンの使い方
電源のオン／オフとスリープの操作を覚えよう

本体操作

スマートフォンの側面にある電源ボタンでは、電源のオン／オフと画面のスリープ（消灯）／スリープ解除を行える。電源オフ時は、おサイフケータイを除く全機能が無効になり、バッテリーはほとんど消費されない。一方スリープ時は、画面を消灯しただけの状態で、電話やメールの着信をはじめとする通信機能や、多くのアプリの動作がそのまま実行される。スマホを使わないときは、基本的にスリープ状態にしておき、映画館やコンサート会場にいるときや、バッテリーが極端に少なくなったときのみ電源オフにしておくといい。

1 電源オン／オフの操作方法

電源ボタンを長押しし、「電源」→「電源を切る」で電源オフ

電源オン

電源オフ時に、電源ボタンを約2秒間長押ししよう。端末メーカーや通信キャリアのロゴが表示された後、端末が起動する。

電源オフ

電源オン時に、電源ボタンを長押ししよう。すると、画面にメニューが表示されるので、「電源」→「電源を切る」をタップ。これで電源がオフになる。

2 スリープ／スリープ解除の操作方法

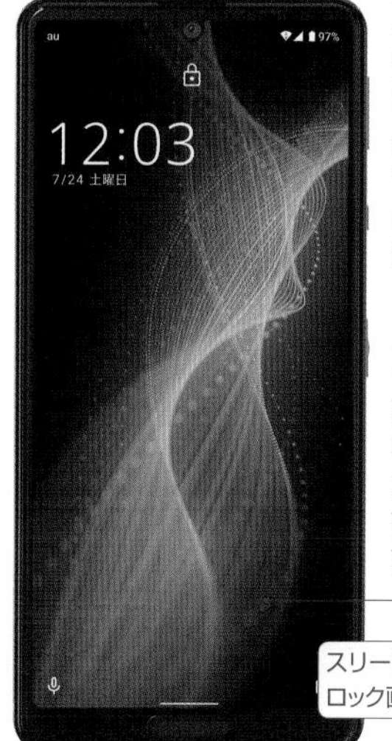

スリープを解除するとロック画面になる

スリープ

画面が表示されている状態で、電源ボタンを1回押そう。すると、画面がロックされ、スリープ（消灯）状態になる。

スリープ解除

画面が消灯している状態で、電源ボタンを1回押そう。画面が点灯し、ロック画面が表示される。

基本

002 音量調節の基本操作を覚えよう
音量ボタンで音楽や動画の音量を調整する

本体操作

端末の側面にある音量ボタンでは、音楽や動画などの再生音量（メディア音量）を調整できる。ボタン操作時には画面右端にスライダーが表示され、スライダー操作でも音量調整が可能。また、スライダー下の音符ボタンをタップすれば、すぐに消音することもできる。なお、着信音や通知音は音量ボタンで調整できないので注意しよう。着信音や通知音を鳴らさないマナーモードにしたいときは、スライダー上部のベルボタンで切り替えることができる（着信音や通知音の操作については、No023やNo024で解説）。

1 音楽や動画の音量を調整する

音量ボタンを操作すると、画面にスライダーが表示される。ここで現在の音量を把握することが可能だ。

2 音楽や動画の音量を消音する

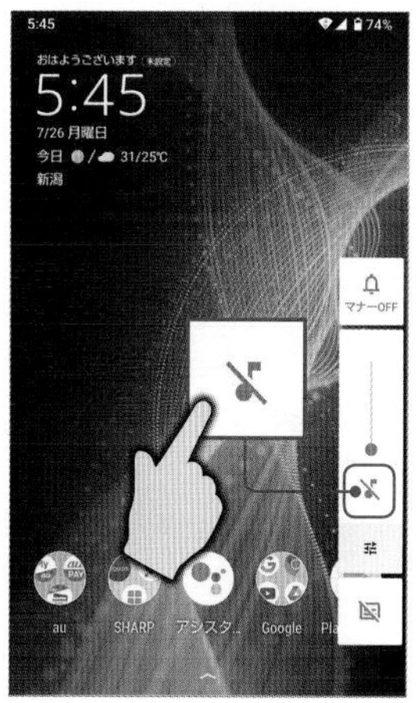

音符マークをタップするか、最小まで音量を小さくすると、音楽と動画の再生音量が消音状態になる。

操作のヒント

スマホの音量は複数存在する

スマホには、調整できる音量が複数存在する。音楽や動画、ゲームやアプリ実行時の音量は、「メディア音量」と呼ばれ、音量ボタンで調整が可能だ。そのほかには、「着信音」や「通話音」、「アラームの音量」などが存在する。これらは「設定」アプリの「音」項目から個別に調整することができる。

基本

003 ロック画面を理解する

通知表示やロック解除を行う重要な画面

本体操作

電源オンもしくはスリープ解除時に、毎回表示されるのが「ロック画面」だ。このロック画面では、現在時刻や日付のほか、設定によっては電話の着信やLINEの受信などを知らせる通知も表示される。各通知をタップすることで、該当アプリがすばやく起動する仕組みだ。また、指紋認証や顔認証、パスワードなどをきちんと設定しておけば、他人が端末を手にしてもここから先に進むことはできず、不正利用を防ぐことが可能。ロックを解除するには、指紋センサーに触れたり、パスワード、パターンを入力したりなど、あらかじめ設定した認証を行う必要がある（画面ロックの設定方法については、No030とNo031で解説）。

ロック画面の基本とおもなロック解除方法

1 ロック画面の基本的な機能

ロック画面では、現在時刻や日付、各種アプリの通知表示などが表示される。指紋認証やパスコードなどが設定されている場合、このロック画面以降に進むには認証が必要になるので、他人に使われる危険性はほとんどない。

2 指紋認証や顔認証でロックを解除する

指紋認証に対応した機種では、指紋を登録した指で指紋認証センサーに触れるとロックが解除される。また、顔認証では、スマホの画面を見つめるだけでロック解除が可能。ロック画面を抜けるには画面を上にスワイプしよう。

3 パスワードやパターン、ロックNo.でロックを解除する

ロック解除方法にパスワードやパターン、ロックNo.を設定している場合は、画面を上にスワイプすることで認証画面になる。適切なパスワードやパターンなど入力して、端末のロックを解除しよう。

基本

004 画面を指で操作するための基礎知識 タッチ操作の種類をマスターする

本体操作

スマートフォンの操作は、多くの場合、指で画面に触れて動かす「タッチ操作」で行うのが基本となる。スマートフォンをはじめて使うという人は、まずここで紹介した7つのタッチ操作を覚えておこう。これだけ把握しておけば、スマホのほとんどの操作を行うことが可能だ。また、それぞれのタッチ操作には「タップ」や「ロングタップ」などの名前が付いている。本書では、その操作名を使って手順を解説しているので、記事を理解するためにもしっかり覚えておきたい。

タッチ操作❶

タップ

トンッと軽くタッチ

画面を1本指で軽くタッチする操作。ホーム画面でアプリを起動したり、画面上のボタンやメニューを選択したりできる。文字入力などでも使う、基本中の基本操作だ。

タッチ操作❷

ロングタップ

1～2秒タッチし続ける

画面を約1～2秒間タッチしたままにする操作。ホーム画面でアプリをロングタップしてメニューを表示したり、メールなどの文章をロングタップして、文字を選択したりが可能。この操作は「長押し」と呼ばれることもある。

タッチ操作❸

スワイプ

画面を指でなぞる

画面をさまざまな方向へ「なぞる」操作。ホーム画面を左右にスワイプしてページを切り替えたり、マップの表示エリアを移動したりなど、頻繁に使用する操作だ。

タッチ操作❹

フリック

タッチしてはじく

画面をタッチしてそのまま「はじく」操作。「スワイプ」とは異なり、はじく強さの加減よって、勢いを付けた画面操作が可能。ゲームなどでよく使用する操作法だ。

タッチ操作❺

ドラッグ

押さえたまま動かす

画面上のアイコンなどを押さえたまま、指を離さず動かす操作。ホーム画面でアプリをロングタップし、そのまま動かせば、位置を変更可能。文章の選択にも使用する。

タッチ操作❻

ピンチアウト／ピンチイン

2本指を広げる／狭める

画面を2本の指(基本的には人差し指と親指)でタッチし、指の間を広げたり(ピンチアウト)狭めたり(ピンチイン)する操作法。おもに画面の拡大／縮小で使用する。

タッチ操作❼

ダブルタップ

素早く2回タッチする

タップを2回連続して行う操作。素早く行わないと、通常の「タップ」と認識されることがある。画面の拡大や縮小表示に利用する以外は、あまり使わない操作だ。

特殊なタッチ操作

2本指で回転

画面をひねるように操作

マップなどの画面を2本指でタッチし、そのままひねって回転させると、表示を好きな角度に回転させることができる。ノートなどのアプリでも使える場合がある。

基本

005 画面最下部エリアの操作方法を理解しよう システムナビゲーションの基本操作を覚える

本体操作

画面最下部のエリアを「システムナビゲーション」と呼び、ここで「ホーム画面に戻る」「ひとつ前の画面に戻る」「アプリの履歴を表示する」といった、Androidスマートフォンの最も基本的な操作を行える。システムナビゲーションのスタイルは機種やAndroidのバージョンによって異なるが、最近の機種であれば、最下部にボタン類が表示されずジェスチャーのみで操作を行う、「ジェスチャーナビゲーション」に設定されている。使いにくい場合は、設定から、「バック」「ホーム」「アプリ履歴」ボタンを最下部に配置する従来の「3ボタンナビゲーション」に変更することも可能だ。

システムナビゲーションの操作法

ジェスチャーナビゲーション…ボタンをなくして画面を広く使える最新の操作法

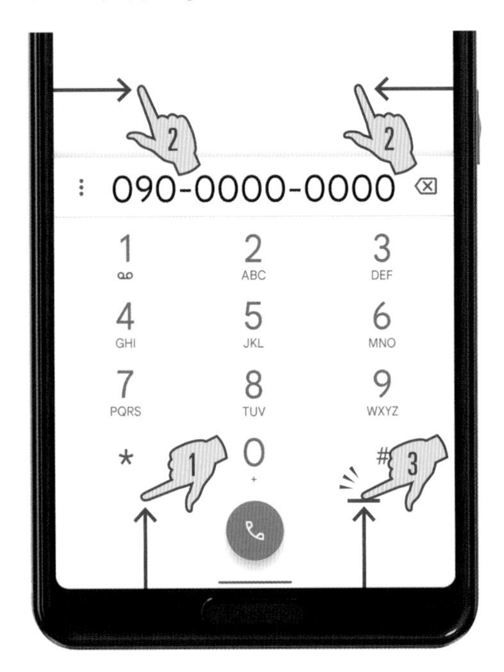

1 上へスワイプ

ホーム画面に戻る

画面の下端から上へスワイプすると、操作の出発点となるホーム画面に戻ることができる。なお、ホーム画面で同じ操作を行うとアプリ管理画面を開くことができる。

2 中央へスワイプ

ひとつ前の画面に戻る

画面の左端もしくは右端から中央へスワイプすると、ひとつ前の画面に戻ることができる。Chromeで前のページに戻ったり、設定ではひとつ前のメニューに戻ることができる。

3 スワイプして止める

アプリ履歴を表示

画面下端から上へスワイプし途中で止めると「最近使用したアプリ」画面が表示される。最近使ったアプリの履歴が画像で一覧でき、タップして素早く起動できる。

こんなときは?

システムナビゲーションの切り替え方法

システムナビゲーションの操作法は、「設定」→「システム」の「操作」や「ジェスチャー」にある「システムナビゲーション」で変更できる。

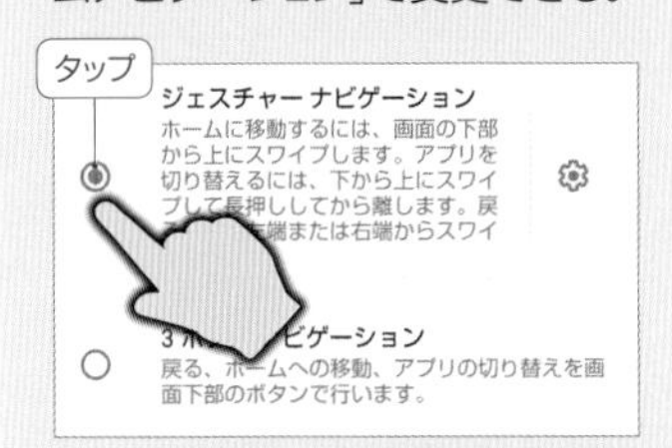

タップして設定しよう。標準でどちらに設定されているかは機種によって異なる。

3ボタンナビゲーション…ボタンをタップする旧来のわかりやすい操作法

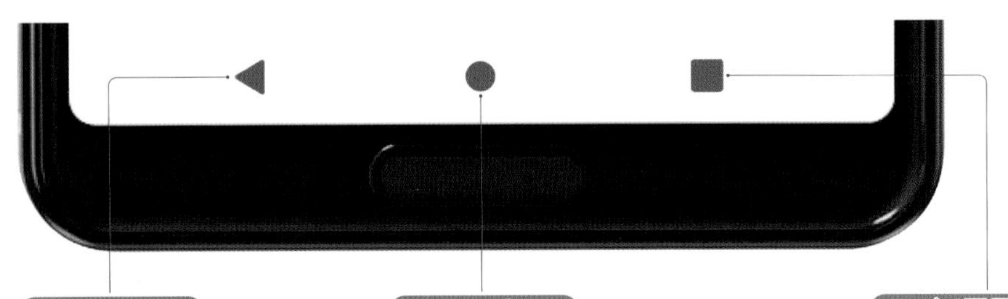

3ボタンナビゲーションでは、画面最下部に表示される3つのボタンで操作する。Galaxyではバックとアプリ履歴が逆に配置されているなど、機種によってナビゲーションのレイアウトが異なる場合もある。

バックボタン

ひとつ前の画面に戻る

タップするとひとつ前の画面に戻ることができる。Chromeで前のページに戻ったり、設定ではひとつ前のメニューに戻ることができる。

ホームボタン

ホーム画面に戻る

タップすると、どんな画面を表示していても操作の出発点となるホーム画面へ戻ることが可能。アプリでの作業が終了した際や、操作がわからなくなった時は、ひとまずホーム画面に戻るとよい。

アプリ履歴ボタン

アプリの使用履歴を表示

タップすると「最近使用したアプリ」画面が表示される。最近使ったアプリの履歴が画像で一覧でき、タップして素早く起動できる。

基本

006

スマホ操作の出発点となる基本画面

ホーム画面の仕組みを覚えよう

本体操作

「ホーム画面」は、スマホの操作の出発点となる基本画面だ。ホーム画面に、よく使うアプリのアイコンを配置しておけば、素早く目的のアプリを起動することができる。フォルダを使えば、複数のアプリをわかりやすく分類することも可能だ。また、アプリの機能のひとつである「ウィジェット」というパネル型ツールを配置して、アプリの機能をホーム画面上で利用することもできる。配置するスペースが足りなければ、画面を増やし、左右スワイプで画面を切り替えて使おう。なお、ホーム画面一番下の一列は「ドック」と呼び、画面を切り替えても固定されたまま表示され続ける。ドックには、最も重要なアプリを配置しておこう。

ホーム画面にはアプリやウィジェットが配置されている

ウィジェット
情報を表示したり、アプリの機能を呼び出すパネル型ツール。最初から表示されている時計や天気予報もウィジェットのひとつだ。

アプリ
アイコンをタップして起動する。標準では、Googleや端末メーカー、通信キャリアが提供しているアプリが配置されている。

フォルダ
複数のアプリアイコンを収納することが可能。タップするとフォルダ内のアプリが表示される。

ドックは固定表示
この部分を「ドック」と呼び、画面を左右に切り替えても固定された状態で表示される。ドックのアプリは好きなものに入れ替えられる。

複数の画面を切り替えて利用
ホーム画面は左右にスワイプして、複数の画面を利用できる。アプリをロングタップ後、ドラッグして画面右端へ持って行くと、右に新たな画面を作成可能だ。使用頻度や用途によって、アプリを振り分けておこう。

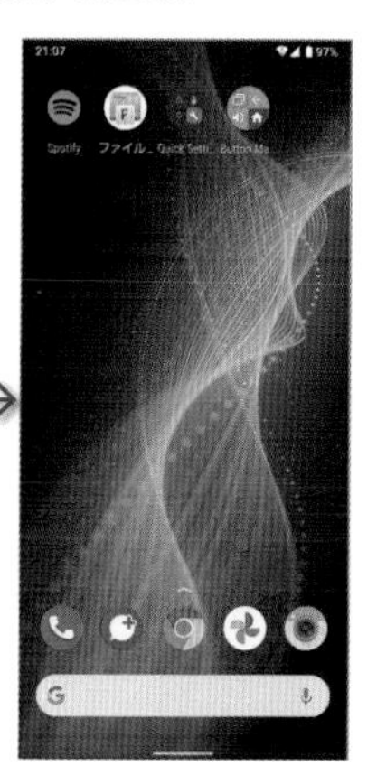

下から上にスワイプして戻る
ホーム画面を切り替えて表示していても、ホーム画面の下端から上にスワイプすると、この1ページ目に戻る。2ボタンや3ボタンナビゲーションの場合は、ホームボタンをタップすると1ページ目に戻る。

設定ポイント!

ホーム画面を右にスワイプしてニュースをチェック

ホーム画面の1ページ目を右にスワイプすると、検索やWebサイトの閲覧履歴に基づいてピックアップされたニュースが表示される機種もある。ここには、「Google」アプリを起動した際の画面が表示される。右で解説している通り、設定で表示をオフにすることも可能だ。

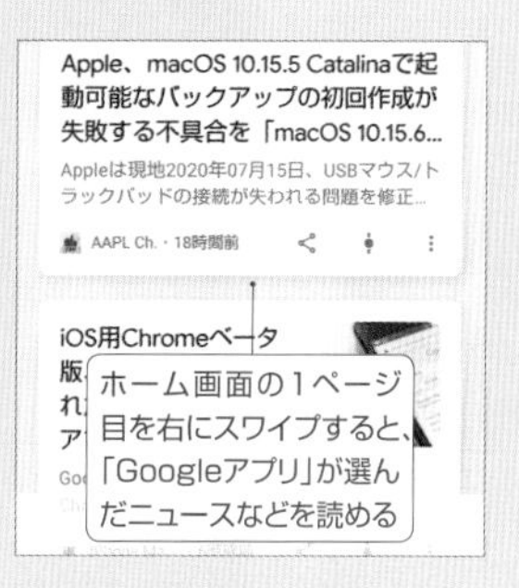

基本

007 そもそも「アプリ」とは何なのか？ アプリを使う上で知っておくべき基礎知識

本体操作

スマートフォンのさまざまな機能は、多くの「アプリ」で提供されている。この「アプリ」とは、Android OS上で動くアプリケーションのことだ。たとえば、電話の通話機能は「電話」アプリ、カメラでの撮影機能は「カメラ」アプリ、地図表示や乗り換え案内の機能は「マップ」アプリで提供されている。また、スマートフォンは、標準搭載されているアプリ以外に、自分の好きなアプリを自由に追加／削除（インストール／アンインストール）できるのが特徴だ。Android用のアプリは、「Playストア」アプリから入手することができる。スマートフォンの操作に慣れてきたら、Playストアで便利なアプリを探してみよう。

スマートフォンのおもな機能はアプリで提供される

1 最初から標準アプリが用意されている

スマートフォンのほとんどの機能は、「アプリ」で提供される。初期状態は標準アプリがいくつかインストールされ、すぐに利用可能だ。ホーム画面にも一部のアプリアイコンが並んでいる。

2 電話アプリを起動すれば電話機能が利用できる

たとえば、電話機能を使うには、「電話」アプリを起動する。スマホの機能はアプリごとに細分化されているので、用途や目的ごとに起動するアプリを切り替えるのが基本だ。

3 Playストアでアプリをダウンロードできる

Androidでは、公式のアプリストア「Playストア」から、いろいろなアプリをダウンロードできる。好きなアプリを入手してみよう。なお、このストア機能自体もアプリで提供されている。

こんなときは？

端末によって機能や標準アプリが異なる

Android端末の場合、機種や契約する通信キャリアによって搭載されている機能（カメラや指紋認証などのデバイスも含め）が異なる。また、標準アプリも違うので、同じバージョンのAndroid OSでも微妙にできることが違うのだ。とはいえ、ほとんどのアプリは同じように使うことができる。

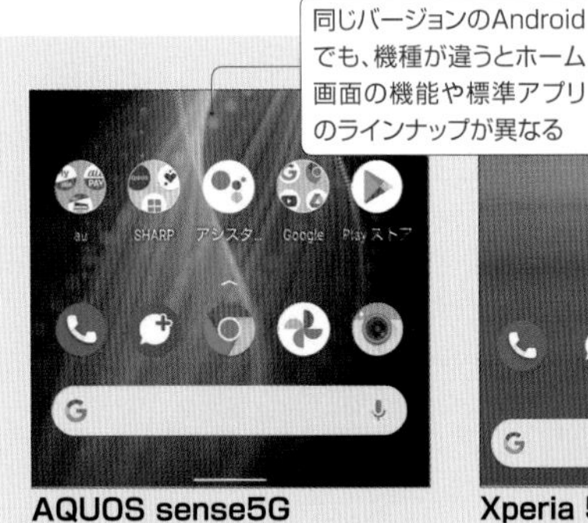

基本

008 アプリを起動／終了する

アプリを使う際にまず覚えておくべき操作

本体操作

端末にインストールされているアプリを起動するには、ホーム画面に並んでいるアプリアイコンをタップすればいい。もし、ホーム画面にアプリアイコンが表示されていない場合は、アプリ管理画面（No010参照）から起動しよう。アプリを終了するには、画面の下から上にスワイプするか、ホームボタンを押してホーム画面に戻る。なお、スマートフォンでは、基本的には一度にひとつのアプリの画面しか表示できない。そのため、別のアプリを使いたい場合は、一旦ホーム画面に戻って別のアプリをあらためて起動する必要がある。

1 ホーム画面からアプリを起動

ホーム画面にあるアプリをタップすると、そのアプリが起動する。ここでは「Chrome」を起動してみる。

2 アプリが起動する

即座にアプリが起動する。以前起動したことのあるアプリの場合は、前回終了時の画面が表示される。

3 アプリを終了する

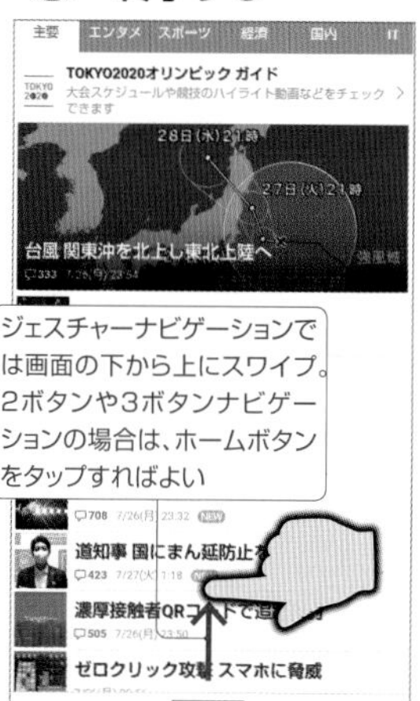

アプリを終了するには、画面の下から上にスワイプしてしてホーム画面に戻ればOKだ。

基本

009 最近使用したアプリの履歴を表示する

過去に使用したアプリに素早く切り替え

本体操作

「最近使用したアプリ」画面を表示すると、過去に起動したアプリの履歴が画面と共に一覧表示される。アプリの画面一覧を左右にスワイプして、再度使用したいものをタップして起動しよう。これにより、ホーム画面にいちいち戻ってアプリを探さなくても、素早く別のアプリに切り替えることが可能だ。また、アプリ履歴のアプリ画面を上にスワイプすると、そのアプリを履歴から消去できる。なお、アプリの履歴画面を表示する方法は、システムナビゲーションの種類によって異なる。

1 アプリ履歴ボタンがある場合

「3ボタンナビゲーション」の場合、右端の「最近使用したアプリ」ボタンをタップすると、アプリの履歴画面が表示される。

2 アプリ履歴ボタンがない場合

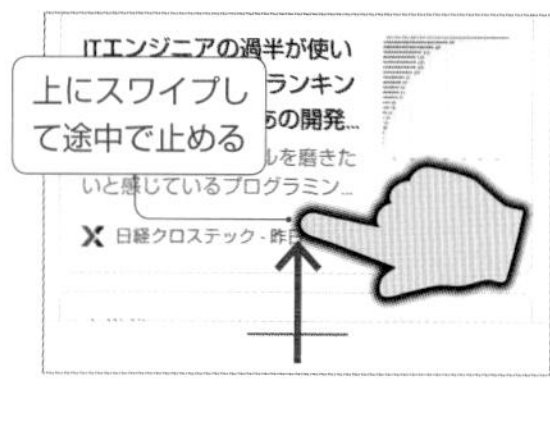

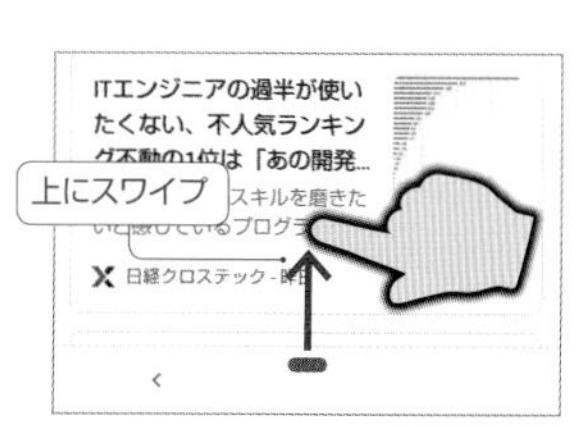

「ジェスチャーナビゲーション」では画面下部を上にスワイプして途中で止める。「2ボタンナビゲーション」ではホームボタンを上にスワイプ。

3 アプリ履歴画面での操作

過去に起動したアプリ画面が表示されるので、左右スワイプで選択。画面タップでアプリが切り替わる。画面を上にスワイプすると履歴から消去。

基本

010 すべてのアプリを一覧表示できる アプリ管理画面とホーム画面の関係を理解しよう

本体操作

アプリ管理画面(「ドロワー」や「ランチャー」とも呼ばれる)は、スマートフォンにインストールされているすべてのアプリを表示、確認できる画面だ。はじめからインストールされている通信キャリアやメーカー製のアプリはもちろん、Playストアからインストールしたアプリもすべてここに追加されていく。アプリ管理画面は、ホーム画面を上にスワイプすることで表示することが可能。また、このアプリ管理画面の中からよく使うアプリを選んで、ホーム画面にアイコンを追加することができる(No011参照)。ホーム画面のアプリはショートカットのような存在で、本体はアプリ管理画面にあることを覚えておこう。

アプリ管理画面を表示する

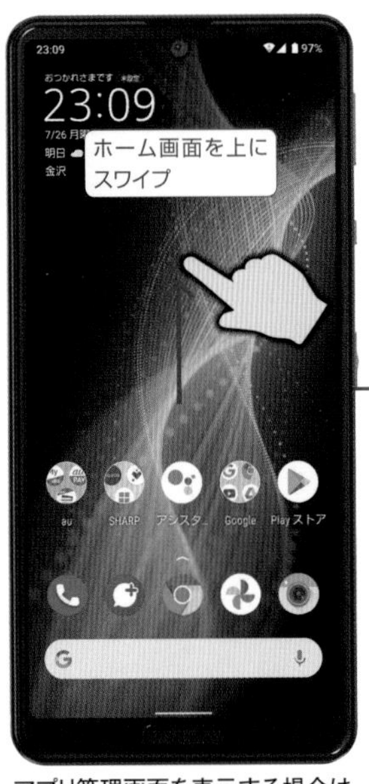

アプリ管理画面を表示する場合は、ホーム画面を上にスワイプしよう。ジェスチャーナビゲーション時は、画面下端から上にスワイプするとアプリの使用履歴が表示されるので、画面中程から上にスワイプするといい。

機種によっては、「アプリ」ボタンが用意されており、タップすることでアプリ管理画面を表示できる。

アプリ管理画面が表示された。スマートフォン内にインストールされている全アプリがここに表示される。アプリが増えた場合は、下へスクロールして表示しよう。ここからアプリをタップして起動することもできる。

アプリをキーワード検索する

目当てのアプリが見つからない時は、画面上部の検索ボックスにアプリ名やその一部を入力して、キーワード検索を行おう。検索結果からアプリを起動したり、ホーム画面に追加したりできる。

基本

よく使うアプリをホーム画面に並べる

011 アプリ管理画面からホーム画面へアプリを追加

本体操作

よく使うアプリをアプリ管理画面から選んで、ホーム画面に配置しておこう。まずは、アプリ管理画面を表示して、アプリアイコンをロングタップ。画面上部に表示される「ホーム画面に追加」にドラッグしよう。ホーム画面に切り替わるので、配置したい場所で指を離す。これでアプリをホーム画面の好きな場所に配置できる。よく使うアプリは、使いやすい位置に並べておくといい。なお、同様の操作でホーム画面の最下部にある「ドック」へアプリを配置することもできる。

1 ホーム画面へアプリを追加する

アプリ管理画面でアプリをロングタップしたら、そのまま「ホーム画面に追加」へドラッグしよう。

2 好きな位置にアイコンを配置

配置したい場所にドラッグして指を離す。画面の右端へドラッグすると、隣のページへ移動して配置可能だ。

ドックのアプリを変更する

ドックのアプリも自由に配置を変更できる。既存のアプリを取り出し、毎日頻繁に使うアプリを選んで配置しておこう(No14参照)。フォルダをドックに配置することも可能だ。

基本

ホーム画面の不要なアイコンを削除する

012 ホーム画面のアプリを削除、アンインストールする

本体操作

ホーム画面に配置しているアプリは、不要になったらすぐに削除することが可能だ。ホーム画面のアプリをロングタップしたら、画面上部に表示される「削除」にドラッグして指を離そう。これでホーム画面からアプリは消える(ホーム画面からアイコンが消えるだけで、アプリ本体はアプリ管理画面に残っている)。完全にアプリをアンインストールしたい場合は、アプリアイコンをロングタップ後、「アンインストール」にドラッグして指を離そう。これで端末内からアプリのデータが完全に削除される。

1 ホーム画面からアプリを削除する

ホーム画面のアプリをロングタップして少し動かすと、画面上部に「削除」という項目が表示される。アプリをそこへドラッグすれば、ホーム画面から削除可能だ。

2 アプリをアンインストール

ロングタップ後、「アンインストール」という項目にドラッグすれば、アプリをアンインストール(削除)できる。なお、必要不可欠なアプリはアンインストールできない。

操作のヒント

機種によって違う操作方法

機種によっては、ホーム画面のアプリをロングタップしてメニューを表示し、「アンインストール」や「削除」を選択することができる。

基本

ホーム画面のアプリを移動する

013 アプリの配置を変更する

本体操作

ホーム画面に並べているアプリの位置は、自由に変更することができる。まず、ホーム画面で移動したいアプリをロングタップ。移動できる状態になったら、好きな場所にドラッグして指を離そう。ドラッグしたまま画面の端に移動すれば、別のページに配置することもできる。なお、アプリ管理画面で表示されるアプリも同じように並べ替えが可能だ。自分の使いやすいようにアプリのアイコンを並べ替えておこう。

アイコンをロングタップすると、浮いた状態になるので、そのままドラッグして移動しよう。

基本

ドックの内容を変更しよう

014 ドックに一番よく使うアプリを配置しよう

本体操作

ホーム画面の一番下にある「ドック」と呼ばれるエリアは、よく使うアプリを配置しておくための場所だ。ここに好きなアプリを配置したい場合は、すでにドックに配置してあるアプリやフォルダを一旦外すか削除して、空きスペースを作っておこう。あとは、入れ替えたいアプリをロングタップ後、ドラッグしてドック内に移動すればいい。標準でドックに配置されているアプリが不要なら、すべて好みのアプリに入れ替えておこう。

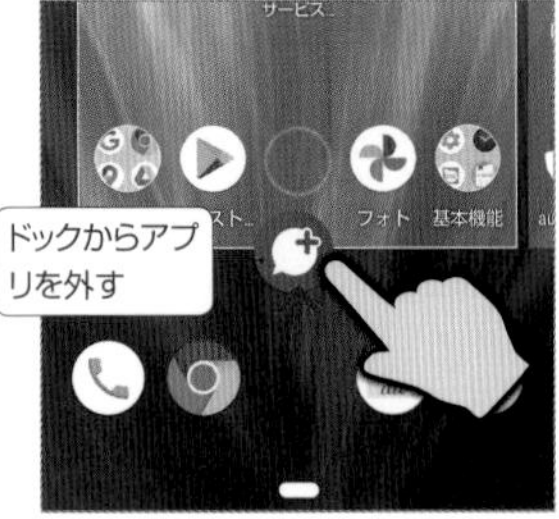

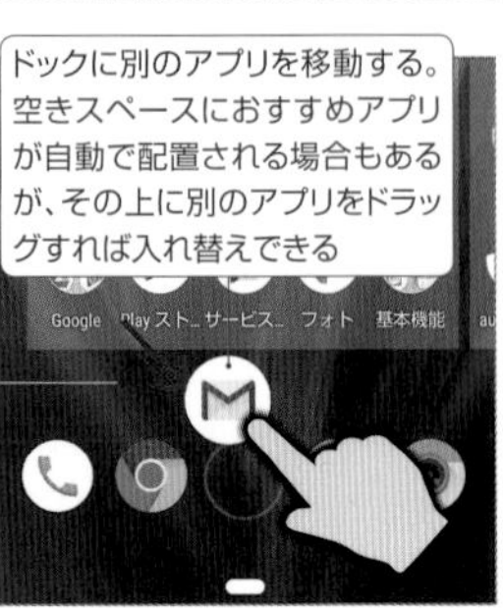

ドック内の不要なアイコンを外すか削除しておき、空きスペースに別のアイコンをドラッグしよう。

基本

ホーム画面のアプリを整理整頓する

015 複数のアプリをフォルダにまとめる

本体操作

ホーム画面にアプリを並べすぎると、どのアプリがどこにあるのかわかりにくくなりがちだ。たくさんのアプリをホーム画面に置いておきたい人は、フォルダを使って整理整頓しておくといい。フォルダは、アプリ同士を重ねることで作成できる。ホーム画面にあるアプリをロングタップした後、別のアプリの上にドラッグして指を離してみよう。新しいフォルダが作られて、2つのアプリが収まった状態になるはずだ。フォルダをタップすれば中身を確認でき、閉じる場合はフォルダ外をタップすればいい。

1 アプリ同士を重ねる

フォルダを作るには、アプリをドラッグして、ほかのアプリに重ねた状態で指を離す。

2 フォルダが作成される

フォルダが作られ、2つのアプリが収まった状態になる。さらに別のアプリも入れることが可能だ。

操作のヒント

フォルダに名前を付けておこう

フォルダの作成直後は、フォルダの名前が付いていない状態だ。フォルダをタップして、わかりやすい名前を付けておこう。

基本

016 画面最上部に並ぶアイコンには意味がある ステータスバーの見方を覚えよう

本体操作

Androidの画面最上部には、時計やアイコンなどが並ぶ「ステータスバー」と呼ばれる場所がある。ステータスバーの右側のエリアに表示されるのは、バッテリー残量や電波状況などの情報と、Wi-FiやBluetoothなど現在有効になっている機能を知らせるステータスアイコン。左側のエリアに表示されるのが、電話やメールの着信、登録しておいたスケジュール、アプリのアップデートなどをはじめとする、アプリからのさまざまな情報を知らせる通知アイコンだ。ここでは、標準で表示されているものを含め、一般的によく見られるアイコンを紹介。その意味を覚えておこう。

ステータスバーに表示される各種アイコン

通知アイコン
電話の着信、メールの受信、アプリのアップデートなどを知らせてくれるアイコン。通知パネルを開いて個別の内容を確認できる。また、通知パネルで通知を消去すればアイコンも消える。

ステータスアイコン
バッテリー残量や電波状況のほか、Wi-FiやBluetoothなど有効な機能がアイコン表示される。基本的には、設定を変更しなければ表示された状態のままになる。

覚えておきたい通知アイコン

着信中／発信中／通話中
電話の着信中、発信中、通話中に表示される。

不在着信
出られなかった着信がある時に表示。通知パネルから直接電話をかけられる。

留守番電話&伝言メモ
留守番電話や伝言メモが録音されていると表示される。

新着メール
メールを受信した際に表示。これはGmailアプリの通知アイコン。

SMS受信
SMS受信時に表示。通知パネルで差出人や内容の一部を確認できる。

アプリアップデート
アプリのアップデートを通知。標準では自動更新される。

更新済みアプリ
アップデート完了したアプリがある場合に表示されるアイコン。

音楽再生中
「ミュージック」で音楽を再生中に表示。通知パネルで各種操作が可能。

電池残量15%以下
バッテリー残量が15%以下になった際に表示される。

そのほか、アプリごとにさまざまな通知アイコンが表示される。通知アイコンが表示されたら、どのアプリの通知なのかチェックしよう。

覚えておきたいステータスアイコン

データ通信の電波状況
接続しているモバイルデータ通信の電波強度を表示。

Wi-Fi
Wi-Fiに接続中はこのアイコンが表示。電波強度も表示。

Bluetooth
Bluetoothがオンの時、またはBluetooth機器接続中に表示。

機内モード
通信機能をオフにする機内モードがオンになっている時に表示。

マナーモード(バイブ)
着信音が無音でバイブレーションが有効な状態で表示される。

マナーモード(ミュート)
着信音が無音でバイブレーションも無効な状態で表示される。

位置情報サービス
マップなどで位置情報サービスを利用中に表示されるアイコン。

アラーム
標準の「時計」アプリでアラームを設定中に表示されるアイコン。

NFC
「おサイフケータイ」などの利用に必要なNFCがオンの時表示。

Wi-Fiテザリング設定中
Wi-Fiを使ったテザリング機能がオンの際に表示されるアイコン。

基本

017 アプリごとの通知をチェックする方法 通知の基本と通知パネルの使い方

本体設定

スマートフォンでは、メールやメッセージ、LINEが届いたり、アプリの新着情報が届くと、「通知」が表示されるようになっている。通知とは、アプリごとの最新情報をユーザーに伝えるための仕組みで、ロック画面やステータスバー、通知パネル、通知ドット、ポップアップ(バナー)などで確認可能だ。また通知が届いた際は、通知音やバイブでも知らせてくれる。Androidのバージョンや機種によって異なるが、「設定」→「アプリと通知」→「通知」で、スマートフォン全体の通知設定を変更できるので、通知の動作を確認、設定しておこう。また、アプリごとの通知設定を個別に変更することもできる(No018で解説)。

Android端末での通知はおもに4種類ある

1 ロック画面の通知表示

スリープ中やロック中に通知が届くと、通知音やバイブと共に、ロック画面に通知が表示される。各通知をタップすると、ロック解除後にそのアプリが起動し、すぐ内容を確認可能だ。

2 ステータスバーと通知パネルの通知表示

スマホ使用中に通知が届くと、ステータスバーに通知アイコンが表示される。ステータスバーを引き下げると通知パネルが表示され、ロック画面と同じように通知を確認可能だ。

3 ポップアップ(バナー)と通知ドットの通知表示

メールやLINE、ニュースアプリなど一部のアプリは、スマホの使用中に通知があると、画面上部にバナー形式のポップアップ通知が数秒表示される。また未チェックの通知があるアプリは、アプリのアイコンに通知ドット(丸印や数字)が表示される。

ロック画面にプライベートな内容を表示しない

新着メールやメッセージが届くと、ロックを解除しなくても、ロック画面の通知でメッセージ内容の一部や件名を確認できる。ロック画面は誰でも見ることができるので、他人に見られたくないなら、ロック画面ではプライベートな内容を表示しないように通知設定を変更しておこう。

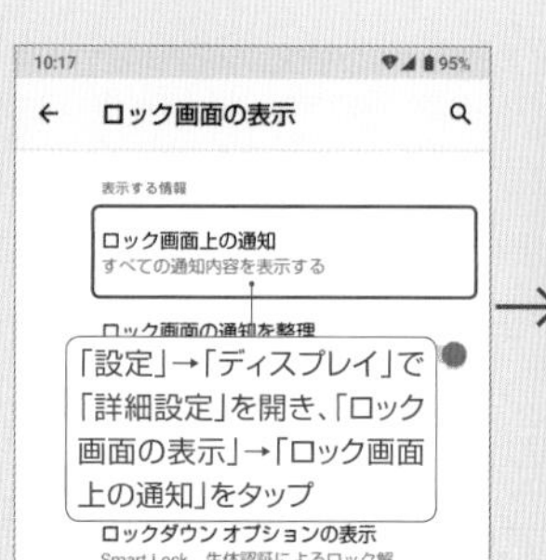

ロック画面上の通知
- すべての通知内容を表示する
- ロック解除時のみプライベートな内容を表示する
- 通知を一切表示しない

「ロック解除時のみプライベートな内容を表示する」を選択すると、このアプリの通知自体はロック画面に表示されるが、メールの件名や本文などは表示されなくなる

全体の通知設定を変更する

1 スマートフォン全体の通知設定を変更

スマートフォン全体の通知設定は、「設定」→「アプリと通知」→「通知」で変更できる。通知の履歴確認や表示方法の変更、「高度なマナーモード」などの設定が可能だ。

2 最近通知されたアプリの通知をオフ

「過去7日間をすべて表示」をタップすると、過去7日間に通知があったアプリが一覧表示される。各アプリのスイッチをオフにすると、そのアプリの通知は表示されなくなる。

3 通知音を変更する

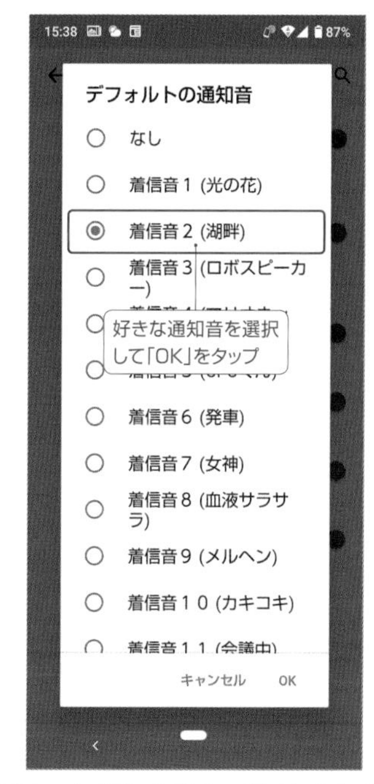

「デフォルトの通知音」をタップすると、通知音を変更できる。通知音を「なし」に設定したり、「通知の追加」で端末内やGoogleドライブから通知音を追加することもできる。

通知パネルの操作と設定

1 通知パネルを操作する

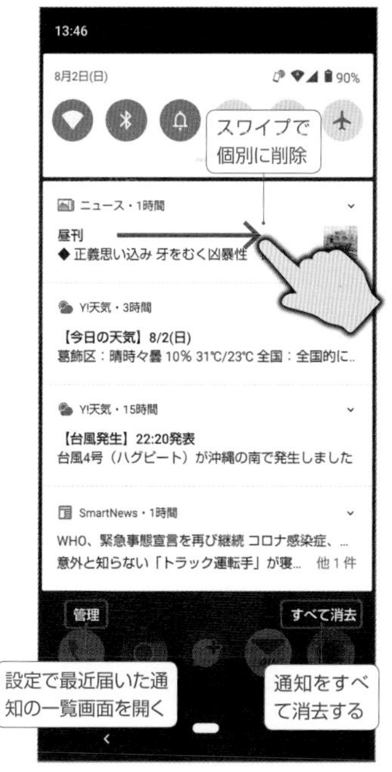

通知パネルで通知をタップすると、該当アプリが起動して通知内容の詳細を確認でき、通知パネルからは通知が消える。特に確認の必要がない不要な通知は、通知パネルから消去しておこう。

2 通知パネルで通知設定を変更する

通知をスワイプしきらないで途中で止めると、歯車ボタンが表示される。これをタップすると、通知音やバイブが鳴らない「サイレント」にしたり、このアプリの通知をオフにできる。

3 通知パネルでアプリを直接操作する

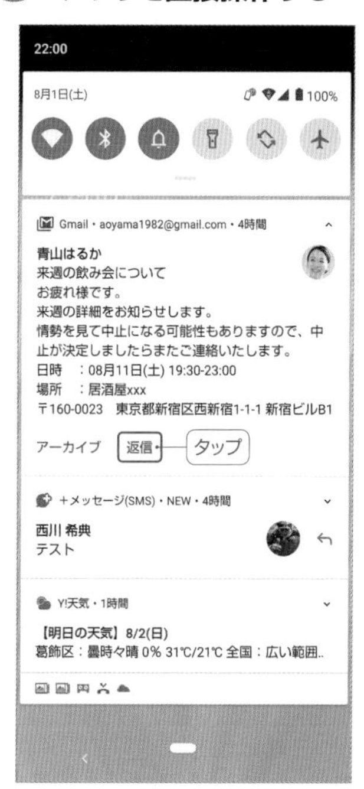

不在着信やSMS、メールなどの通知は、通知パネルの通知に表示された「発信」「返信」ボタンなどをタップすることで、通知パネルから直接電話を折り返したり返信メールを作成できる。

基本

018 わずらわしい通知を整理しよう

通知が不要なアプリはオフにする

アプリの通知は便利な機能だが、頻繁に通知が届くアプリを放っておくと、ステータスバーに通知アイコンが大量に並び、通知パネルからいちいち消去するのも面倒になる。通知が不要なアプリは、機能をオフにしてしまった方がいいだろう。通知をオフにするには、「設定」を開いて「アプリと通知」でアプリをすべて表示し、該当するアプリの詳細を開く。続けて「通知」をタップし、一番上のスイッチをオフにすると、通知表示をすべて無効にできる。またアプリによっては、機能や項目ごとに通知のオンオフを切り替えできるので、必要なものだけオンにしておこう。

アプリの通知を個別にオフにする

1 通知をオフにしたいアプリをタップ

「設定」→「アプリと通知」で「○個のアプリをすべて表示」をタップし、すべてのアプリを表示させたら、通知をオフにしたいアプリを探してタップしよう。

2 通知のスイッチをオフにする

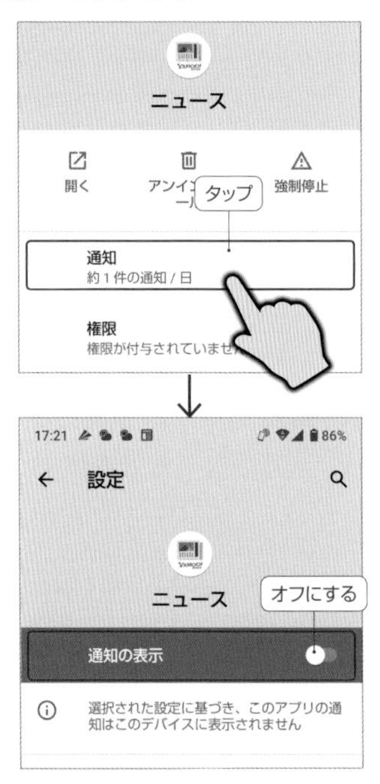

アプリ情報画面が開くので、「通知」をタップ。開いた画面で一番上のスイッチをオフにすると、このアプリの通知表示をすべてオフにすることができる。

3 特定の項目だけオフにできる場合も

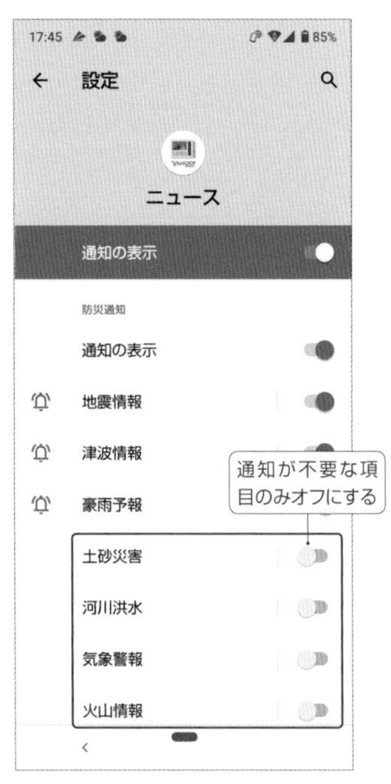

アプリによっては、特定の機能や項目のみ通知をオフにすることもできる。一番上のスイッチはオンにしたままで、通知が不要な項目のスイッチをオフにしたりチェックを外そう。

設定ポイント!

アプリ側で詳細な通知設定ができる場合も

多くのアプリでは、アプリ内の設定メニューからも通知を管理できるので、チェックしてみよう。例えばアプリの通知音を変更したり、着信時のLEDライトの点灯をオフにするなど、本体の設定では用意されていない項目も、アプリ側の通知設定では変更できる場合がある。

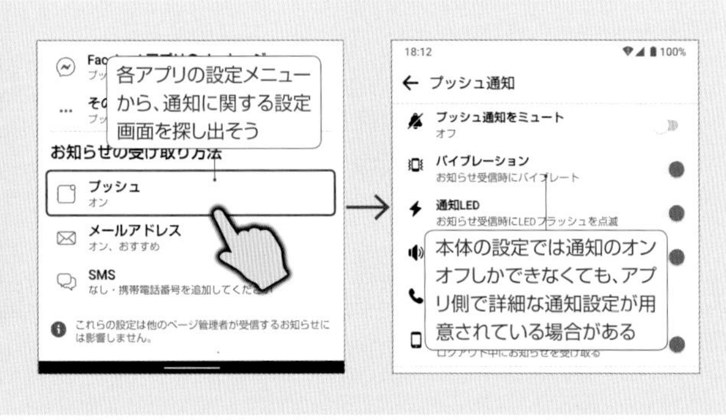

基本

019 文字入力の基本を押さえておこう
使いやすいキーボードを選択する

本体操作

スマートフォンでは、文字入力が可能な画面内をタップすると、自動的に画面下部にソフトウェアキーボードが表示される。使用するキーボードアプリや設定により異なるが、多くの場合は、携帯電話のダイヤルキーとほぼ同じ配列の「12キー（またはテンキー）配列」と、「QWERTYキー（またはPCキー）配列」を切り替えて入力することが可能だ。標準ではテンキーのキーボードが表示されるが、パソコンに慣れている人は、QWERTYキーに切り替えた方が入力しやすいだろう。キーボードの歯車ボタンや、ツールバーに用意された切り替えボタンなどをタップすることで切り替えができる。

キーボードの表示と入力方法の切り替え

1 他のキー配列を追加する

ここでは多くのスマートフォンの標準キーボードである「Gboard」の画面で解説する。まず歯車ボタンをタップし、「言語」→「キーボードを追加」→「日本語」をタップして、QWERTYキーなど他のキー配列を追加しておこう。

2 地球儀キーでキー配列を切り替え

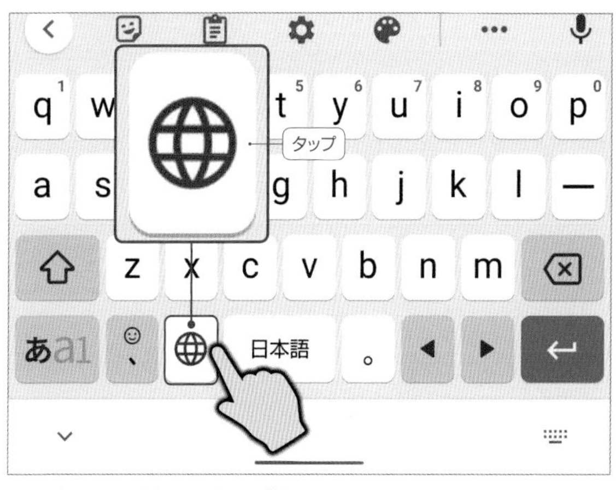

キーボードの地球儀キーをタップすると、12キーとQWERTYキーが切り替わる。地球儀キーをロングタップするとキーボードの変更メニューが表示されるので、ここから選択してもよい。

基本

020 12キー配列のキーボードでの文字入力方法

2つの方法で文字を入力できる

本体操作

「12キー」は、携帯電話のダイヤルキーとほぼ同じ配列で、12個の文字キーが並んだキーボードだ。スマートフォンの標準と言えるキーボードなので、基本操作を覚えておこう。12キーでは、「トグル入力」と「フリック入力」の2つの方法で文字を入力できる。「トグル入力」は、文字キーをタップするごとに入力文字が「あ→い→う→え→お」と変わっていく入力方式。キータッチ数は増えるが、単純で覚えやすい。「フリック入力」は、文字キーを上下左右にフリックすることで、その方向に割当てられた文字を入力する方式。トグル入力よりも、すばやく効率的な文字入力が可能だ。

12キータイプのキー配列と入力方法

携帯電話と同じ入力方法で、キーをタップするごとに「あ→い→う→え→お→…」と入力される文字が変わる。

キーを上下左右にフリックした方向で、入力される文字が変わる。キーをロングタップすれば、フリック方向の文字を確認できる。

画面の見方と文字入力の基本

文字を入力する

こんにちは

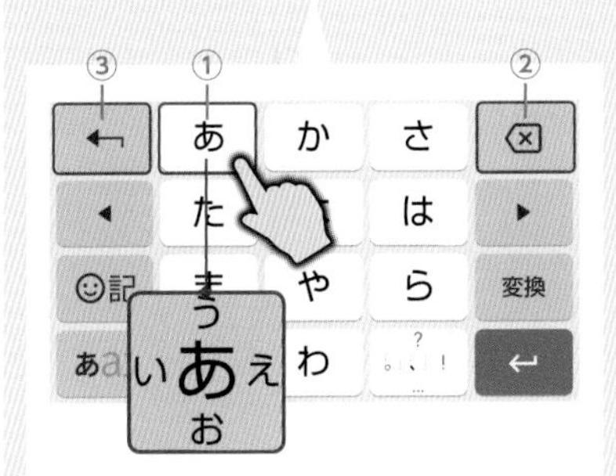

①入力
文字の入力キー。ロングタップするとキーが拡大表示され、フリック入力の方向も確認できる。

②削除
カーソルの左側にある文字を一字削除する。

③逆トグル／戻すキー
トグル入力時の文字が「う→い→あ」のように逆順で表示される。入力確定後は「戻す」キーとなり、未確定状態に戻すことができる。

濁点や句読点の入力

がぱぁー、。？！

①濁点／半濁点／小文字
入力した文字に「゛」や「゜」を付けたり、小さい「っ」などの小文字に変換できる。文字入力がない時は地球儀キーに変わり、キー配列を切り替える。

②長音符／波ダッシュ
「わ」行に加え、長音符「ー」と波ダッシュ「～」もこのキーで入力できる。

③句読点／疑問符／感嘆符
このキーで「、」「。」「?」「!」「…」を入力できる。

文字を変換する

①変換候補
入力した文字の予測変換候補リストが表示される。「∨」をタップするとその他の変換候補を表示できる。

②カーソル
カーソルを左右に移動して、変換する文節を選択できる。

③変換
次の候補に変換する。確定後はスペースキーになる。

④リターン
変換を確定したり改行する。

アルファベットを入力する

ABCabc

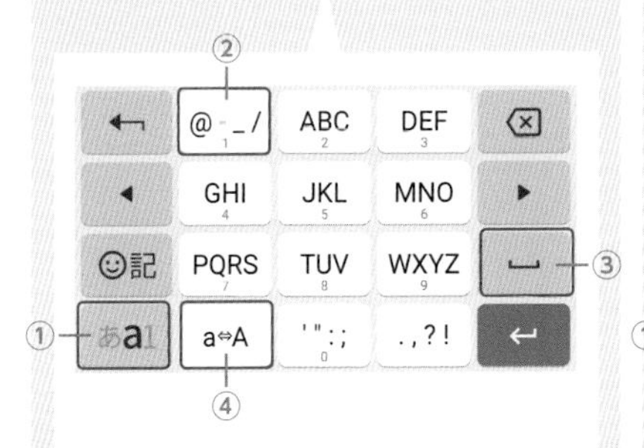

①入力モード切替
タップして「a」に合わせるとアルファベット入力モードになる。

②アットマーク／ハイフンなど
アドレスの入力によく使う記号「@」「-」「_」「/」を入力できる。また各キーとも下フリックで数字を入力できる。

③スペースキー
半角スペース(空白)を入力する。

④大文字／小文字変換
大文字／小文字に変換する。

数字や記号を入力する

123456☆¥%○+<

①入力モード切替
タップして「1」に合わせると数字入力モードになる。

②数字と記号の入力
タップすると数字を入力できるほか、フリック入力で主要な記号を入力することもできる。

絵文字や記号を入力する

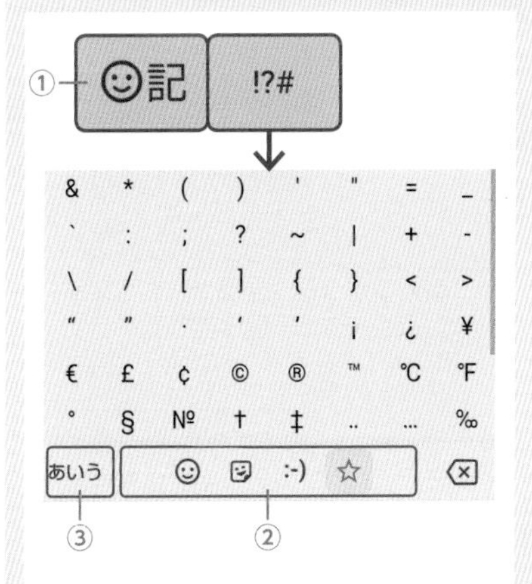

①入力モード切替
絵文字キーや記号キーをタップすると、絵文字や顔文字、記号、ステッカーの入力モードになる。

②記号や絵文字の切替
記号や絵文字の候補に切り替える。

③戻る
元の入力モードに戻る。

基本

021 QWERTYキー配列のキーボードでの文字入力方法

パソコンと同じローマ字入力で入力しよう

本体操作

「QWERTYキー」は、パソコンのキーボードとほぼ同じ配列のキーボードだ。日本語入力の方法も、パソコンと同じくローマ字入力で行う。普段からパソコンを利用している人なら、あまり使い慣れていないテンキーを使うよりも、QWERTYキーに切り替えた方が入力は速いだろう。ただし、テンキーと比べると文字キーのサイズが小さくなるので、タップ操作はしづらい。また、シフトキーなど特殊な使い方をするキーもあるので注意しよう。キーボードアプリによっては、文字キーの最上段に数字キーが表示されており、いちいち数字入力モードにしなくてもすばやく数字を入力できるようになっている。

QWERTYキータイプのキー配列と入力方法

画面の見方と文字入力の基本

文字を入力する

こんにちは

①入力
文字の入力キー。「KO」で「こ」が入力されるなど、ローマ字かな変換で日本語を入力できる。

②数字の入力
最上段のキーは、上にフリックすることで数字を入力できる。

③削除
カーソル左側の文字を一字削除する。

濁点や句読点の入力

がぱぁー、。？！

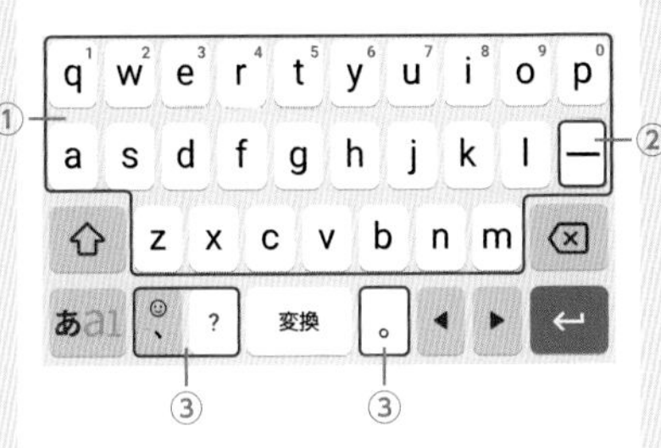

①濁点／半濁点／小文字
「GA」で「が」、「SHA」で「しゃ」など、濁点／半濁点／小文字はローマ字かな変換で入力する。また最初に「L」を付ければ小文字（「LA」で「ぁ」）、同じ子音を連続入力で最初のキーが「っ」に変換される（「TTA」で「った」）。

②長音符
このキーで長音符「ー」を入力できる。

③句読点／疑問符など
下部のキーで「、」「?」「。」などを入力。「。」キーの長押しで感嘆符なども入力できる。

文字を変換する

①変換候補
入力した文字の予測変換候補リストが表示される。「∨」をタップするとその他の変換候補を表示できる。

②変換
次の候補に変換する。確定後はスペースキーになる。

③カーソル
カーソルを左右に移動して、変換する文節を選択できる。

④リターン
変換を確定したり改行する。

アルファベットを入力する

ABCabc

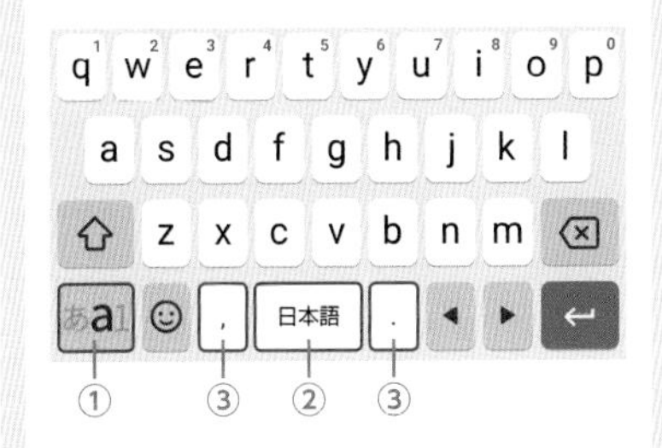

①入力モード切替
タップして「a」に合わせるとアルファベット入力モード。大文字／小文字への変換は、次のシフトキーを利用する。

②スペースキー
半角スペース（空白）を入力する。

③カンマ／ピリオドなど
「,」「.」を入力。「.」キーの長押しで疑問符や感嘆符なども入力できる。

シフトキーの使い方

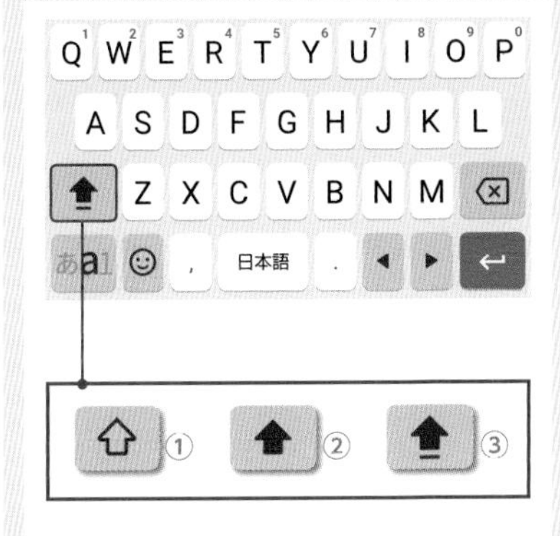

①小文字入力
シフトキーがオフの状態で英字入力すると、小文字で入力される。

②1字のみ大文字入力
シフトキーを1回タップすると、次に入力した英字のみ大文字で入力する。

③常に大文字入力
シフトキーを2回タップすると、シフトキーがオンのまま固定され、常に大文字で英字入力するようになる。もう一度シフトキーをタップすれば解除され、元のオフの状態に戻る。

数字や絵文字などの入力

123456☆¥%○+<

①数字入力モード切替
タップして「1」に合わせると、数字と主要な記号の入力モードになる。入力画面は12キーと同じ。

②記号や絵文字の切替
絵文字キーや記号キーをタップすると、絵文字や顔文字、記号、ステッカーの入力モードになる。入力画面は12キーと同じ。

基本

022

入力した文字を編集しよう

文字や文章をコピーしたり貼り付けしたりする

本体操作

入力した文字の編集を行うには、まず文字列をダブルタップして選択状態にしよう。ダブルタップで選択できない場合はロングタップすればよい。選択した文字列には色が着き、左右にカーソルアイコンが表示される。このカーソルアイコンをドラッグして、選択範囲を調整したら、選択した文字列の上部にポップアップ表示されるメニューから、切り取りやコピー操作を行える。切り取ったりコピーした文字列は、画面内のカーソル位置をロングタップして「貼り付け」をタップすれば、カーソル位置に貼り付けできる。

1 文字列を選択状態にする

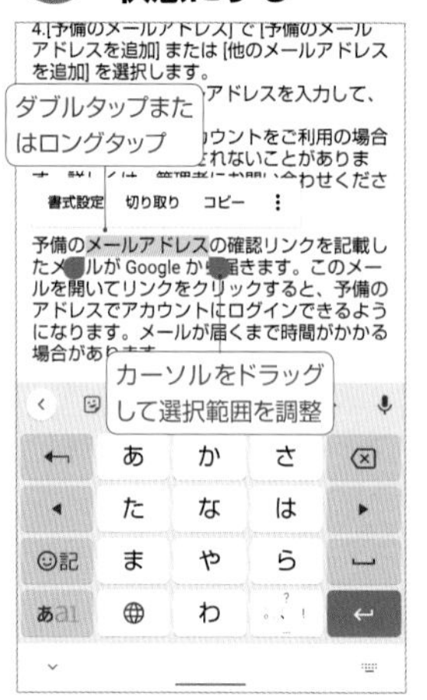

文章をダブルタップかロングタップすると選択状態になる。左右のカーソルで選択範囲を調整しよう。

2 選択した文章をコピーする

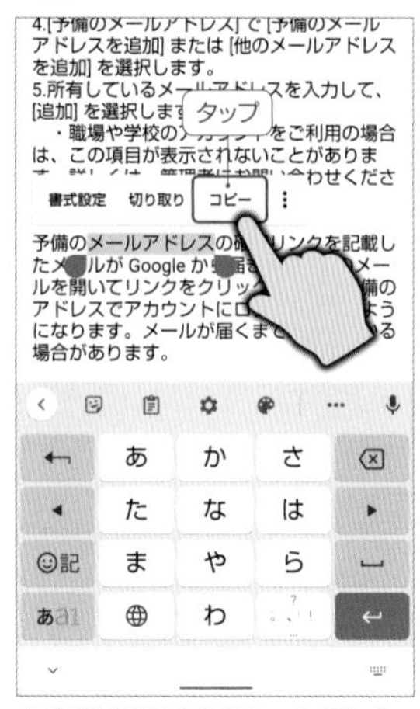

文字列を選択すると、上部に「コピー」メニューが表示されるのでこれをタップ。切り取りも可能。

3 コピーした文章を貼り付ける

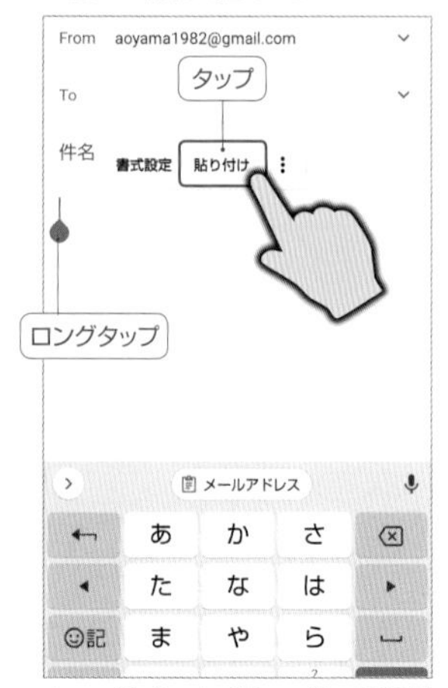

カーソルをロングタップして「貼り付け」をタップすると、コピーした文章を貼り付けできる。

基本

023

「着信音の音量」スライダーで調整

着信音や通知音の音量を調整する

本体設定

電話の着信音やメールやLINEが届いた際の通知音がうるさい時や、逆に聞こえづらい場合は、本体の「設定」にある「音」や「音設定」、「サウンド」といった項目をタップしよう。この画面にある「着信音と通知の音量」スライダーで、着信音や通知音の音量を調整できる。音を小さくするには、スライダーをドラッグして左に動かせばよい。一番左まで動かすと、着信音や通知音の鳴らないマナーモードに設定できる。逆に音を大きくしたい場合は、スライダーを右に動かそう。

「設定」→「音」にある、「着信音と通知の音量」のスライダーをドラッグすれば音量を調整できる。

基本

024

メディア音量も消したい時は注意

スマートフォンから音が鳴らないマナーモードにする

本体設定

マナーモードにするには、No023の解説のようにスライダーを調整しなくても本体側面の音量ボタンを押すと表示される、ベルボタンで簡単に設定できる。一度タップして「バイブ」にすると、音が鳴らずバイブレータが振動する。もう一度タップして「ミュート」にすると、音も鳴らずバイブレータも動作しない。ただし、この操作で消えるのは着信音と通知音、操作音のみ。動画やゲームの音も消すには、ベルボタンの下の音量バーを一番下まで下げよう。

音量ボタンを押してマナーボタンをタップ、「バイブ」か「ミュート」に設定しておこう。

基本

025

Wi-FiやBluetoothを素早くオン／オフできる

クイック設定ツールの使い方を覚えよう

本体操作

画面の最上部にあるステータスバーを下にスワイプすると、通知パネルが表示される。通知パネルの上部にある「クイック設定ツール」では、Wi-FiやBluetoothなどの機能をボタンでオン／オフすることが可能だ。一時的にWi-Fiをオフにする、機内モードをオンにする、といったときに使うと便利。また、クイック設定ツールを下へスワイプして表示を広げると、そのほかのボタンが表れ、上部に画面の明るさ調整スライダーも表示される。この画面で左へスワイプすれば、別ページに切り替わってさらに多くのボタンが表示可能だ。なお、各ボタンをロングタップすると、該当する設定画面が表示できるので覚えておこう。

クイック設定ツールの基本的な使い方

1 クイック設定ツールを表示する

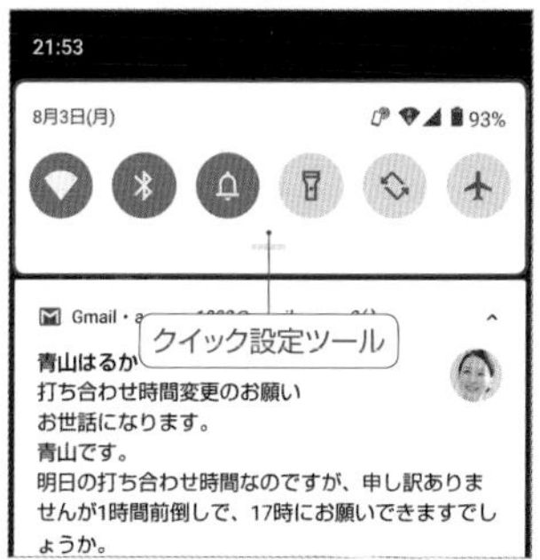

ステータスバーを下にスワイプして引き下げよう。すると通知パネルの最上部にクイック設定ツールが表示される。各ボタンをタップすれば、機能のオン／オフなどが可能だ。

2 クイック設定ツールの表示を広げる

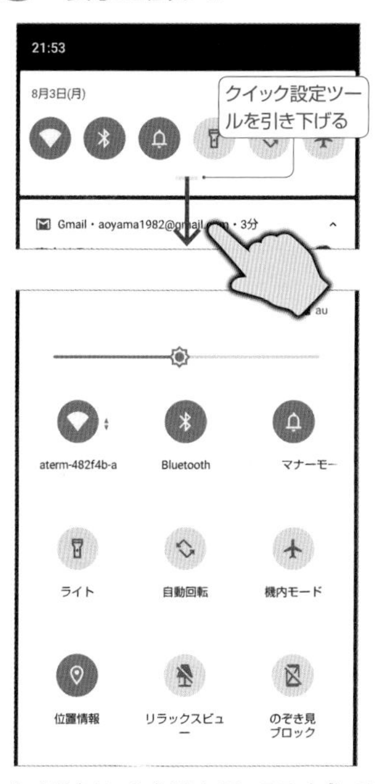

クイック設定ツールをさらに下へスワイプして引き下げると、画面の明るさ調整スライダーやそのほかのボタンにアクセスできる。左右にスワイプして、すべてのボタンを確認しておこう。

3 ツールの並び順を変更する

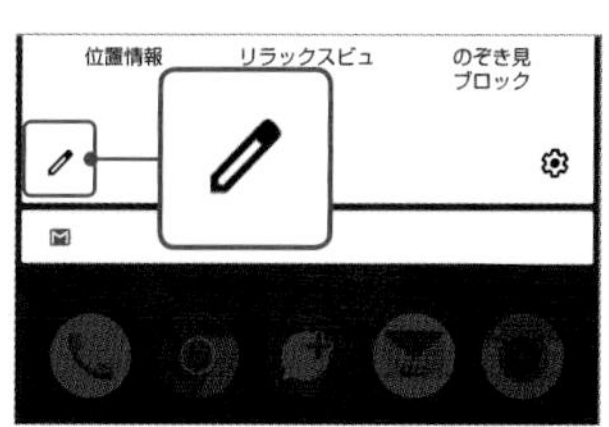

クイック設定ツールの最下部にある鉛筆ボタンをタップすれば、編集モードに切り替わる。各アイコンをロングタップすることで、ボタンの並べ替えが可能だ。よく使う順に並べ替えよう。

こんなときは?

クイック設定ツールのボタンを追加／削除する

クイック設定ツールのボタンは追加／削除も可能だ。上記手順3の鉛筆ボタンで編集モードにしたら、画面の最下部までスクロールしてみよう。現在非表示のボタンが並んでいるエリアがあるので、アイコンをここからドラッグすれば追加、ほかのアイコンをここにドラッグすれば削除できる。

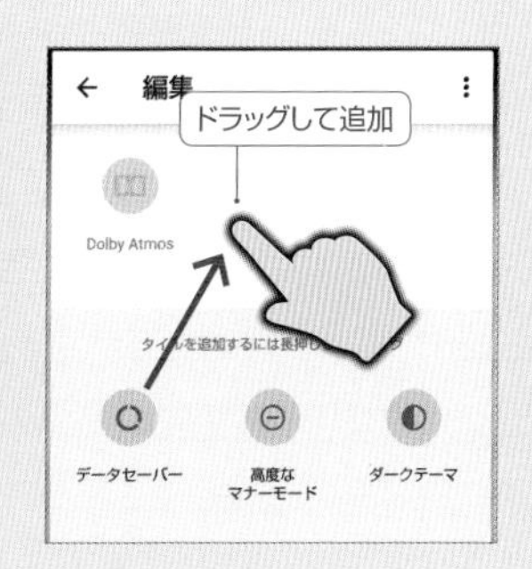

基本

026 スマートフォンを使う上で必須のアカウント
Googleアカウントを取得する

本体操作

スマートフォンを利用する上で必ず必要となるのが、「Googleアカウント」の登録だ。Googleの各種サービスを利用するためのアカウントで、これがないと、新しくアプリをインストールしたり、データをバックアップすることができない。初期設定中に登録を済ませていないなら、「設定」→「アカウント」→「アカウントを追加」→「Google」で登録しておこう。なお、パソコンなどでGmailやGoogleカレンダーといったサービスを使っている人は、すでにGoogleアカウントを持っているので、それをスマートフォンに追加すればよい。パソコンで使っているのと同じGmailやカレンダーを利用できるようになる。

端末にGoogleアカウントを追加する

1 アカウントの追加でGoogleをタップ

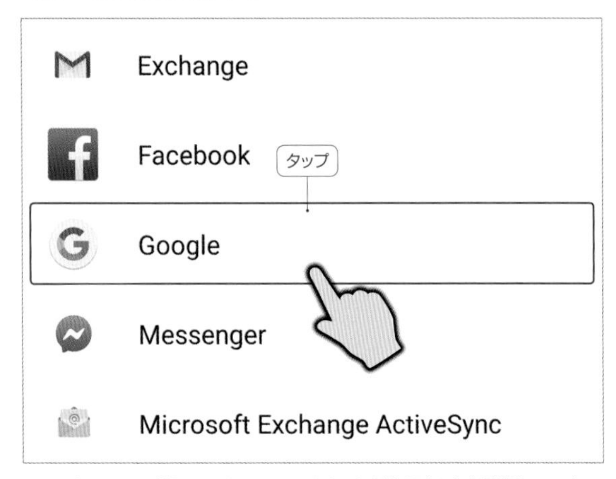

スマートフォンの利用にはGoogleアカウントが必要だ。まだ登録していないなら、本体の「設定」→「アカウント」→「アカウントを追加」をタップし、一覧から「Google」を探してタップしよう。

2 アカウントを作成で作成開始

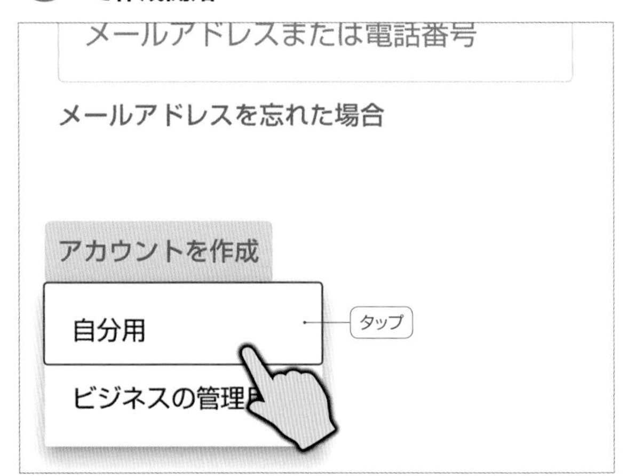

新規登録するには、「アカウントを作成」→「自分用」をタップ。すでにGmailなどのGoogleサービスを使っているなら、この画面で自分のGmailアドレスを入力し、「次へ」で登録を進めていけばよい。

3 名前や生年月日などを入力

まずは姓名を入力するが、Googleの各種サービスで表示される名前なので、本名である必要はない。あとからでも「設定」→「Google」→「Googleアカウントの管理」で変更できる。続けて生年月日なども設定。

4 Gmailアドレスを選択または作成

ランダムなGmailアドレスを選択、または「自分でGmailアドレスを作成」にチェックして好きなアドレスを入力しよう。これがGoogleアカウントのユーザー名になる。あとは画面の指示に従えば登録が完了する。

基本

027

スマホの大事なデータをクラウド上に保存する

Googleアカウントでデータをバックアップ

本体設定

No026で解説した「Googleアカウント」は、スマートフォンのバックアップにも必要なアカウントだ。バックアップデータがあれば、機種変更の際などにも同じGoogleアカウントでログインするだけで、本体の各種設定やインストール済みアプリなどを復元できる。また連絡先やGmail、カレンダーなど標準アプリのデータは、「同期」機能によってネット上のクラウドに常に最新のデータが保存されるため、実質的に自動でバックアップされている。データがネット上にあるため、同じGoogleアカウントでログインしたパソコンやタブレットからも、同じ連絡先やGmailを利用することが可能だ。

Googleアカウントのバックアップを有効にする

本体の設定やアプリのバックアップ

「設定」→「システム」→「バックアップ」で、「Googleドライブへのバックアップ」がオンになっていることを確認し、「アカウント」欄でバックアップ先のGoogleアカウントを選択しよう。これで、本体の設定やアプリデータが定期的にバックアップされるようになる。

自動でバックアップ(同期)するデータ

「設定」→「アカウント」でGoogleアカウント名を選択し「アカウントの同期」をタップすると、同期する項目を確認できる。Gmailやカレンダー、連絡先などのスイッチがオンになっていれば、特に何も操作しなくても、常に最新のデータがクラウド上に自動保存されるようになる。

基本

028 画面を横向きにして利用する

横向きなら動画も広い画面で楽しめる

本体操作

ステータスバーを引き下げて表示されるクイック設定ツールには、「自動回転」ボタンが用意されている。これをオンにすると、端末の向きに合わせて画面の向きが回転する。端末を横向きに持って動画を全画面で再生したい、といった人はオンにしておくと便利だ。自動回転をオフにすると、画面は縦向きに固定される。寝ながらスマホを使うときなどは、自動回転が逆に邪魔になるのでオフにするのがオススメ。なお、最近の機種なら、自動回転がオフの状態で本体を横向きにすると、ナビゲーションバーの端に画面の手動回転ボタンが表示される。このボタンでも画面の向きを回転させることが可能だ。

自動回転をオンにすると端末の向きに合わせて画面が回転

縦向きの画面。自動回転オフのときは、横向きにしてもこの画面で固定される

自動回転をオンにして、横向きにしたときの画面。自動的に画面が回転し、YouTubeなどの動画再生時は全画面表示になる

画面の自動回転をオンにする

ステータスバーを引き下げて、クイック設定ツールを表示。「自動回転」ボタンを有効にすると、端末の向きに合わせて自動で画面が回転する。自動回転をオフにすると、画面は縦向きに固定される。寝転がった際などに画面が勝手に回転してわずらわしい場合はオフにしておくといい。

こんなときは?

画面は手動で回転させることもできる

画面の自動回転がオフの状態でも手動で回転できる。端末を縦から横向きにすると、システムナビゲーションの端に回転ボタンが表示されるので、これをタップしよう。端末を縦向きにして再びボタンをタップすると縦向きに戻る。ただしAndroid OSのバージョンが古いと、このボタンは表示されない。

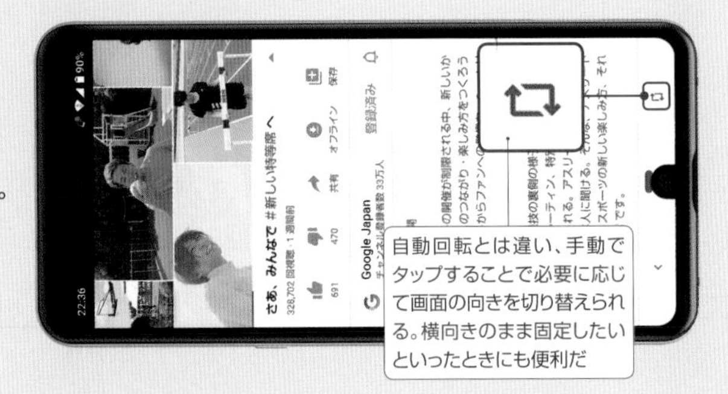

自動回転とは違い、手動でタップすることで必要に応じて画面の向きを切り替えられる。横向きのまま固定したいといったときにも便利だ

基本

029 パスワードを入力して接続しよう
Wi-Fiに接続してインターネットを利用する

本体設定

初期設定の際にWi-Fiに接続しておらず、あとから設定する場合や、友人宅などでWi-Fiに接続する際は、「設定」→「ネットワークとインターネット」を表示しよう。「Wi-Fi」をオンにした状態でタップし、続けて接続できるアクセスポイントをタップ。Wi-Fiルーターの接続パスワードを入力すればOKだ。一度接続したアクセスポイントには、それ以降自動で接続される。なお、クイック設定ツール(ステータスバーを引き下げて表示)にあるWi-Fiボタンをロングタップすると、Wi-Fiの設定画面に素早く移行することが可能だ。

1 Wi-Fiをオンにする

「設定」→「ネットワークとインターネット」を表示したら、「Wi-Fi」をオンにして「Wi-Fi」をタップする。

2 接続するアクセスポイントをタップ

周辺にあるWi-Fiのアクセスポイントが表示されるので、接続したいアクセスポイント名をタップしよう。

3 パスワードを入力する

Wi-Fiの接続パスワードを入力して「接続」をタップする。これでWi-Fiに接続が可能だ。

基本

030 パターンやパスワードなどで端末を保護しよう
他の人に使われないように画面ロックを設定する

本体設定

自分のスマートフォンを他人に使われないようにしたい場合は、画面ロックの機能で「パターン」、「ロックNo.(PIN)」、「パスワード」のいずれかを設定しておこう。パターンは9つのポイントを一筆書きの要領でなぞって認証する方法。ロックNo.は4文字以上の数字、パスワードは4文字以上の英数字を入力して認証する方法だ。なお、画面ロックの方法には「なし」や「スワイプ」も選択可能だ。ただし、この2つは誰でも端末のロックを解除できてしまうのでおすすめできない。

1 画面ロックの設定画面を開く

まずは「設定」→「セキュリティ」を開き「画面ロック」をタップする。現在すでにパスワードなどを設定している場合は、認証を行って次の画面に進む。

2 画面ロックの種類を設定する

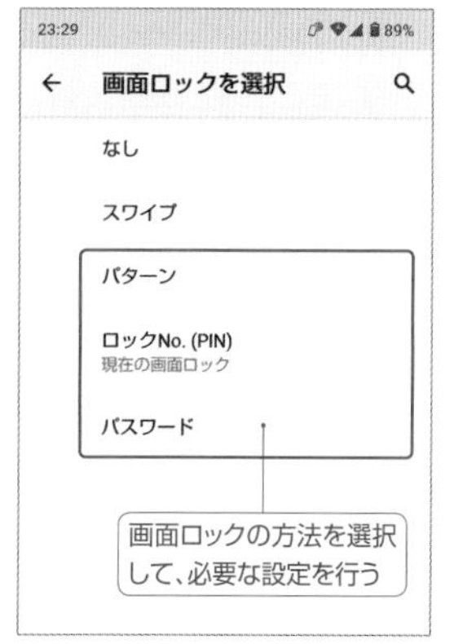

画面ロックの方法を選択する。「なし」や「スワイプ」は、誰でもロック解除できてしまうので選ばないこと。「パターン」か「ロックNo.」、「パスワード」から好きなものを選ぼう。

操作のヒント

画面をロックするまでの時間を設定

「設定」→「セキュリティ」を開き、「画面ロック」項目の横にある歯車ボタンをタップ。「画面消灯後にロック」で、画面をロックするまでの時間を設定できる。時間が短すぎるとすぐに画面ロックがかかってしまい面倒だが、長すぎるのもセキュリティ的に不安だ。自分にあった時間を設定しよう。

基本

031 生体認証用の指紋や顔を登録しよう 指紋認証や顔認証でロックを解除する

本体設定

ロック画面を解除する際に、パスコードやパターンをいちいち入力するのは面倒だ。そこで最近のスマートフォンでは、指紋認証や顔認証といった生体認証機能を搭載していることが多い。指紋認証の場合、指紋を登録しておけば、指で指紋認証センサーに触れるだけでロックを解除できる。また、顔認証の場合は、自分の顔を登録しておけば、ロック画面を見つめるだけでロックを解除可能だ。顔認証の精度は高く、帽子やメガネを付けたり外したりしても問題なく認証できる。なお、指紋認証や顔認証を利用する際は、あらかじめロック画面のパスコードやパターンなどを設定しておこう（No030参照）。

指紋認証を設定する

1 指紋認証の設定画面を開く

指紋認証を利用するには、まず「設定」→「セキュリティ」→「指紋」で指紋を登録しよう。

2 指紋認証センサーにふれる

画面の指示に従い設定を進め、指紋認証センサーに触れよう。センサーの位置は端末によって異なる。

3 指紋を登録する

指でセンサーに何度か触れて指紋を登録する。複数の指を別の指紋として登録することも可能だ。

指紋登録した指で指紋認証センサーに触れると、ロック画面でのロックを解除することができる

顔認証を設定する

1 顔認証の設定画面を開く

顔認証を利用する場合は、まず「設定」→「セキュリティ」→「顔認証」をタップする。

2 自分の顔を登録する

画面の指示に従って、画面の円の中に自分の顔を入れて登録しよう。帽子やメガネを身に着けてもOKだ。

3 画面ロック解除のタイミングを設定

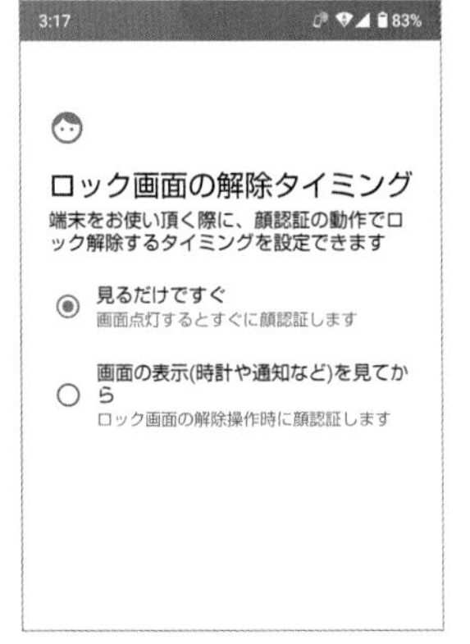

ロック画面を見るだけで認証するか、ロック画面を一度スワイプして認証するかを選択する。

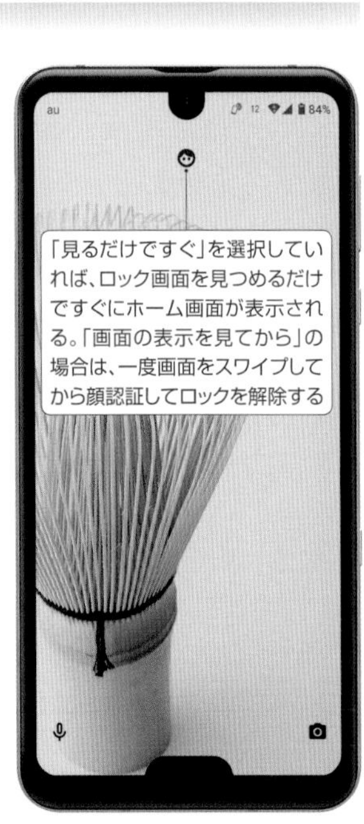

「見るだけですぐ」を選択していれば、ロック画面を見つめるだけですぐにホーム画面が表示される。「画面の表示を見てから」の場合は、一度画面をスワイプしてから顔認証してロックを解除する

基本

032

便利なウィジェットを追加／削除する

ホーム画面でウィジェットを活用する

本体操作

Android端末では、ホーム画面に時計や天気予報など、さまざまな情報を表示できるパネル状のツール「ウィジェット」を配置することができる。ウィジェットを追加するには、ホーム画面の何もないところをロングタップし、「ウィジェット」を選択。ウィジェット一覧画面で好きなウィジェットをロングタップし、ホーム画面に配置すればいい。なお、ウィジェットは、アプリの機能のひとつとして提供されるため、アプリ本体をアンインストールすると、付随するウィジェットも使えなくなるので注意しよう。逆に、便利なアプリをたくさんインストールすれば、使えるウィジェットも増えていくというわけだ。

ウィジェットを配置してみよう

1 ホーム画面の編集モードで「ウィジェット」をタップ

ウィジェットを追加するには、まずホーム画面の何もない場所をロングタップしよう。メニューが表示されるので、「ウィジェット」をタップする。

2 ウィジェットを選んでロングタップする

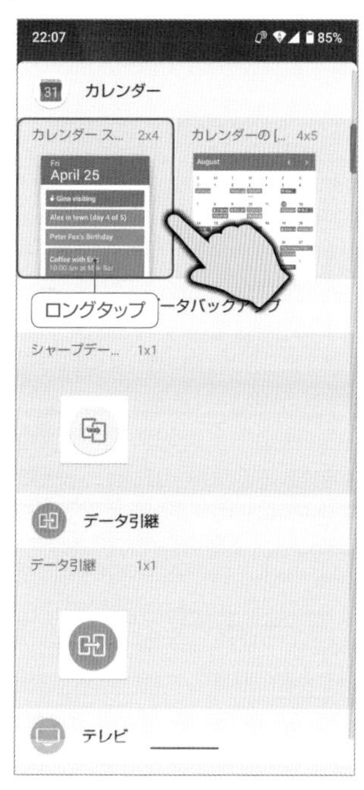

ウィジェットに対応したアプリが一覧表示される。上下にスクロールして、ホーム画面に配置したいウィジェットを探そう。目的のウィジェットが見つかったら、ロングタップする。

3 ウィジェットをホーム画面に配置する

そのままウィジェットをホーム画面にドロップして配置しよう。配置したウィジェットを再びロングタップしてから指を離すと、サイズを変更できるようになる(サイズ固定のウィジェットもある)。

こんなときは?

不要なウィジェットを削除する

ホーム画面に配置したウィジェットを削除する場合は、ウィジェットをロングタップして再配置モードにし、そのまま画面上部の「削除」にドラッグすればいい。不要なウィジェットは削除して、ホーム画面を使いやすいようにしておこう。なお、削除したウィジェットは、上記の手順で再び再配置することができる。

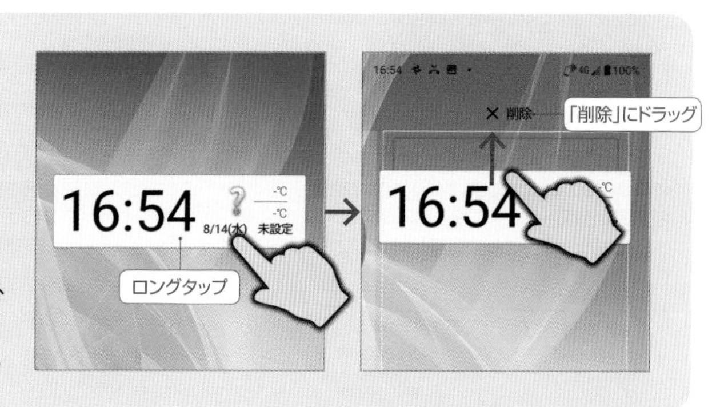

基本

033 さまざまなジャンルの便利アプリが見つかる Playストアで無料アプリをインストールする

アプリ

「Playストア」は、アプリやゲーム、電子書籍、動画など、さまざまなコンテンツが配信されているGoogleの公式ストアだ。Android端末には、「Playストア」アプリが標準搭載されており、これを起動することでストア画面にアクセスできる。まずは、Playストアで無料アプリをダウンロードしてみよう。アプリの画面下にある「ゲーム」や「アプリ」ボタンをタップし、「ランキング」を表示。「無料」でソートすれば、人気の無料アプリのランキングをチェックできる。もちろん、キーワード検索で目的のアプリを探し出してもいい。面白そうなアプリがあったらアプリ名をタップし、詳細画面からインストールしてみよう。

無料アプリをインストールする方法

1 Playストアでアプリを見つける

Playストアを起動し、キーワード検索やランキングなどで目的のアプリを探し出そう。アプリ名をタップすると詳細画面が表示される。

2 アプリの詳細画面で「インストール」をタップ

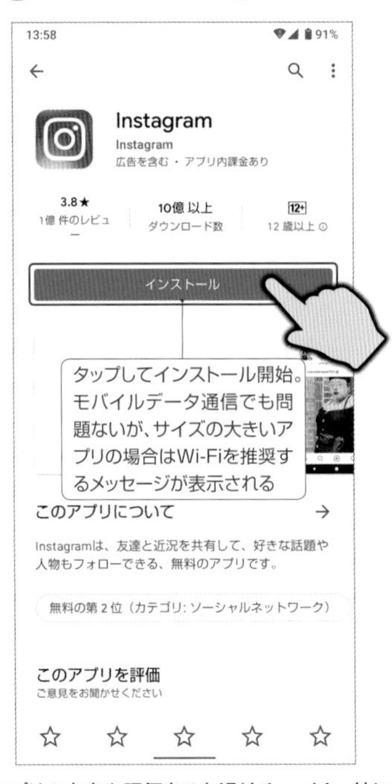

アプリの内容や評価をひと通りチェックし、特に問題がないようであれば詳細画面で「インストール」をタップしよう。

3 インストールが完了したらアプリを開く

インストールが完了すると、「インストール」ボタンが「開く」と「アンインストール」に変わる。「開く」をタップしてアプリを起動しよう。

4 ホーム画面やアプリ管理画面にもアプリが追加

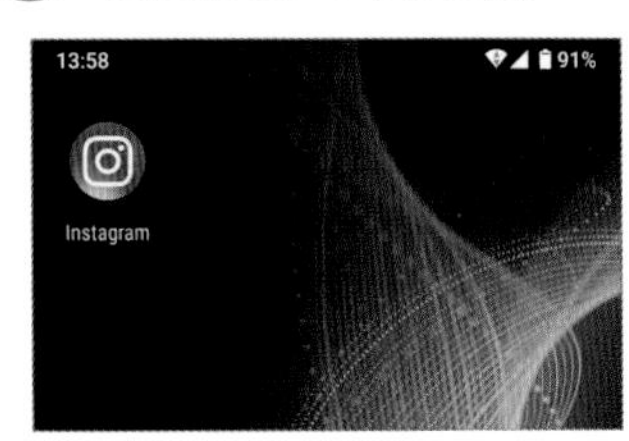

インストールしたアプリは、ホーム画面やアプリ管理画面にも追加されている。こちらも確認しておこう。

こんなときは?

インストール済みのアプリをアップデートする

端末にインストールしてあるアプリは、定期的にアップデートしておこう。右上のアカウントボタンをタップし、「アプリとデバイスの管理」→「利用可能なアップデートがあります」をタップして、「すべて更新」でアップデートできる。なお、標準設定ではWi-Fi接続時に自動でアップデートされる。

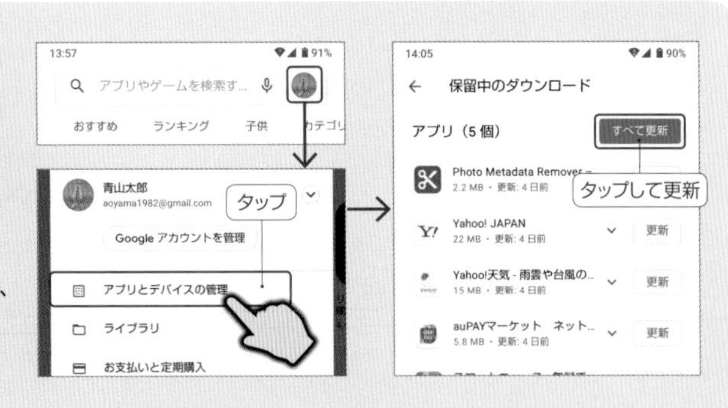

基本

034 アプリ購入に利用する支払い方法を登録する

Playストアで有料アプリをインストールする

アプリ

Playストアで有料アプリを購入する場合は、アプリの詳細画面で価格表示ボタンをタップすればいい。支払い情報が未登録の場合は、次の画面で支払い方法を登録する。料金の支払い方法は、「クレジットカード」のほか、通信会社への支払いに合算する「キャリア決済」、もしくは「Google Playギフトカード」というコンビニなどで買えるプリペイドカードが利用可能だ。「Google Playギフトカード」を使う場合は、「コードの利用」からプリペイドカードの番号を登録しておこう。なお、一度購入した有料アプリは、端末からアンインストールしても、無料で再インストールできる。もちろん機種変更時も同様だ。

有料アプリを購入してインストールする方法

1 アプリ詳細画面で価格表示部分をタップ

まずは、Playストアで購入したい有料アプリを探す。アプリの詳細画面を表示したら、価格表示ボタンをタップしよう。

2 支払い方法を追加する

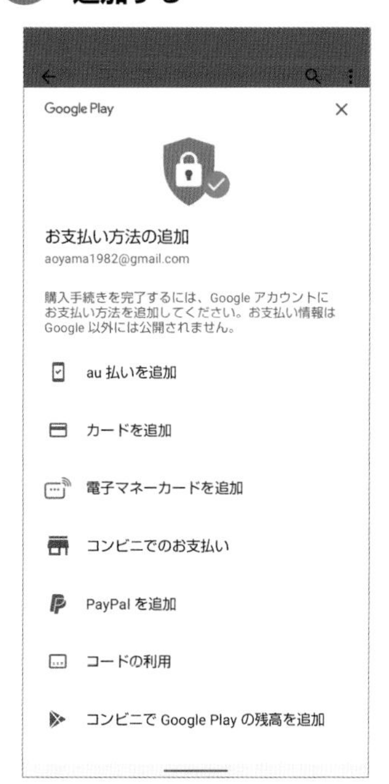

支払い方法が未登録の場合は、支払い方法の追加が求められる。通信料金と合算するキャリア決済の利用も可能だ（No100で解説）。なお、支払い方法は購入ごとに変更できる。

3 追加した支払い方法を管理する

画面上部にある検索欄右のアカウントボタンをタップし、メニューから「お支払いと定期購入」→「お支払い方法」をタップすると、支払い方法を確認できる。登録したクレジットカードの変更や削除もここで行う（No099で解説）。

こんなときは?

間違えて購入したアプリを払い戻しする

Playストアで購入した有料アプリは、購入後2時間以内なら、アプリの購入画面に表示されている「払い戻し」ボタンをタップするだけで簡単に払い戻しできる。2時間のうちに、アプリの動作に問題がないかひと通りテストしておこう。なお、払い戻しはひとつのアプリにつき一度しかできない。

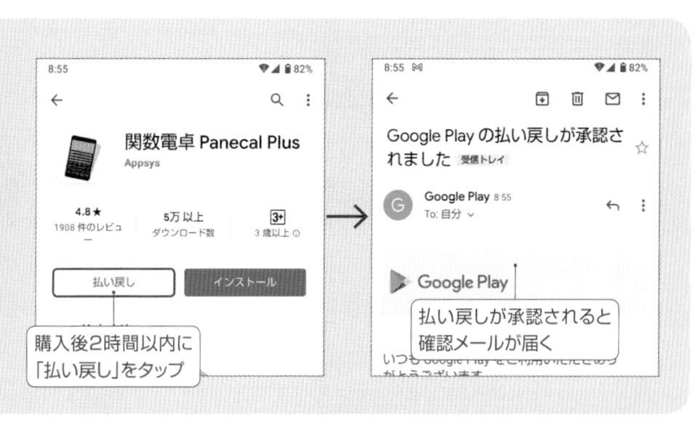

使いこなしPOINT

スマホを使いやすくするためにチェックしたい設定項目

初期設定のままで使ってはいけない

スマートフォンにはさまざまな設定項目があり、アプリと一緒に並んでいる「設定」をタップして細かく変更できる。スマートフォンの動作や画面表示などで気になる点がないならそのまま使い続けて問題ないが、何か使いづらさやわずらわしさを感じたら、該当する設定項目を探して変更しておこう。それだけで使い勝手が変わったり、操作のストレスがなくなることも多い。ここでは、あらかじめチェックしておいた方がよい設定項目をまとめて紹介する。それぞれ、「設定」のどのメニューを選択していけばよいかも記載してあるが、機種によって若干項目名が異なるのでご注意いただきたい。

文字が小さくて読みにくいなら

画面に表示される文字の大きさを変更

画面に表示される文字が小さくて読みづらい場合は、設定で文字を大きくしよう。「設定」の「ディスプレイ(画面設定)」にある「文字フォント設定」や「フォントサイズ」のスライダーを右にドラッグ。メニューやメールなどさまざまな文字が大きく表示されるようになる。

このスライダーを右にドラッグして文字サイズを大きくする。

↓

自分好みの画面にしよう

ホームやロック画面の壁紙を変更したい

「設定」の「ディスプレイ」や「外観」といった項目で「壁紙」をタップすると、ホーム画面やロック画面の壁紙を変更できる。プリセットで用意された壁紙の他に、自分で撮影したりダウンロード保存した端末内の画像や、ライブ壁紙(動く壁紙)なども設定できる。

「設定」の「ディスプレイ」や「外観」から「壁紙」をタップ。「プリセット壁紙」や「フォト」、「ライブ壁紙」などから壁紙にしたい画像を探そう。

↓

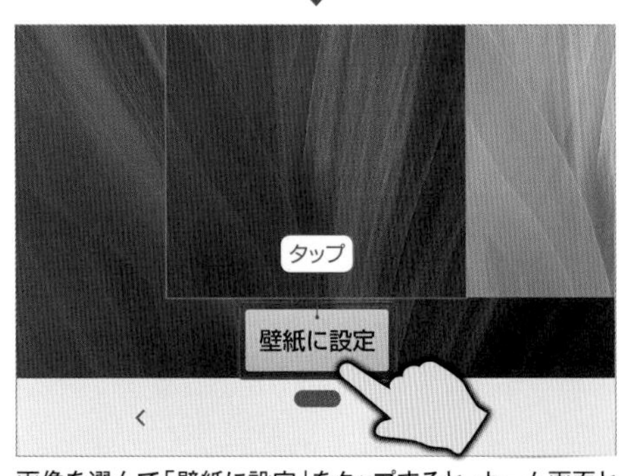

画像を選んで「壁紙に設定」をタップすると、ホーム画面とロック画面のどちらか、または両方にこの壁紙を設定できる。

操作時の動作がわずらわしいなら

不要な音や振動を無効にしておく

タッチパネルを操作した際の音や振動がわずらわしい場合は、設定であらかじめすべて無効にしておこう。「設定」の「音」などのサウンド項目で「詳細設定」を開き、「タッチ操作音」と「タッチ操作時のバイブレーション」のスイッチをオフにしよう。マナーモードにして音を消すこともできる。

数値できっちり把握する

バッテリーの残量をパーセントで表示する

スマートフォンのバッテリーの残量は画面右上に電池の絵柄と数値で表示される。数値が表示されていない場合は、「設定」の「電池」や「バッテリー」にある「電池残量」のスイッチをオンにしよう。数値できっちり把握してけば、思っていたより残り少なくて困るといったこともなくなるはずだ。

早すぎると使い勝手が悪い

画面が自動で消灯するまでの時間を長くする

スマートフォンは一定時間画面を操作しないと画面が消灯し、スリープ状態になる。無用なバッテリー消費を抑えると共にセキュリティにも配慮した仕組みだが、すぐに消灯すると使い勝手が悪い。「設定」の「ディスプレイ」や「画面設定」にある「スリープ」で、使いやすい長さに変更しておこう。

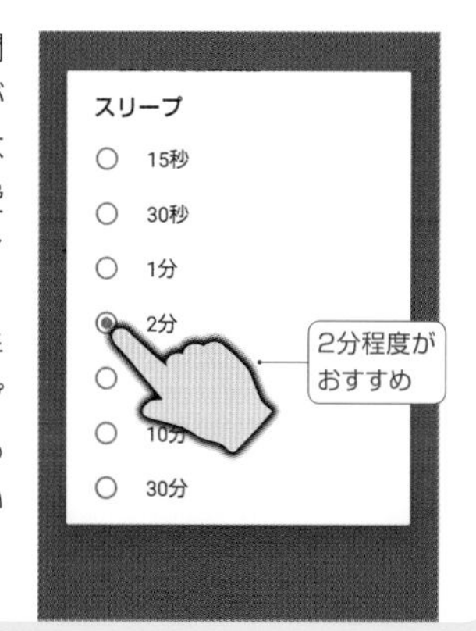

使わないなら機能をオフに

画面を動き回るキャラクターを消す

ドコモ版のスマートフォンには、「my daiz」という機能が搭載されており、ホーム画面を動き回るキャラクターに話しかけてさまざまな操作を行うことができる。この機能を使わないなら、キャラクターをロングタップし、表示された設定画面で「キャラ表示」をオフにしておこう。

自動調整もチェック

画面の明るさを調整する

画面が明るすぎたり暗すぎる場合は、クイック設定ツールの一番上にあるスライダーでいつでも調整できる。「設定」の「ディスプレイ」や「画面設定」にある「明るさの自動調節」がオンになっていれば、周辺の環境に合わせて画面の明るさが自動で調整される。基本的にはオンにしておいて問題ない。

表示場所を覚えておこう

自分のスマホの電話番号を確認する

意外と忘れやすい自分のスマホの電話番号。各種申込書や契約書作成時に電話番号が必要な場合に備えて、確認方法を覚えておこう。「設定」に「電話番号」という項目がある場合は、そこですぐに確認できる。「設定」の「デバイス情報」で確認する機種も多い。

02

Section

アプリの操作ガイド

電話やメール、カメラなどスマートフォンにはじめから用意されているアプリの使い方を詳しく解説。電話をかけたりネットで調べ物をするといった、よく行う操作をすぐにマスターできる。また、LINEやInstagram、Twitterなどの人気アプリの始め方や使い方もしっかり解説。

アプリ

035 電話アプリで発信しよう
スマートフォンで電話をかける

スマートフォンで電話をかけるには、ホーム画面下部のドックに配置されている、電話アプリを利用する。機種や通信キャリアによって電話アプリの画面は異なる場合があるが、基本的な操作はほとんど同じだ。初めて電話する相手やお店などには、電話アプリに表示されているダイヤルキーボタンをタップしてダイヤル画面を開き、電話番号を入力してから発信ボタンをタップしよう。呼び出しが開始され、相手が応答すれば通話できる。かかってきた電話に折り返したい時は、下の囲みで解説している通り、通話履歴画面から発信ボタンをタップして、電話をかけ直した方が早い。

電話番号を入力して電話をかける

1 電話アプリのダイヤルキーを開く

まずは、ホーム画面下部のドック欄にある電話アプリをタップして起動しよう。電話番号を入力して電話をかけるには、ダイヤルキーボタンをタップしてダイヤルキー画面を開く。

2 電話番号を入力して発信する

ダイヤルキーをタップして電話番号を入力し、発信ボタンをタップしよう。入力欄の右端にある削除ボタンをタップすれば、入力した電話番号を1字削除して、入力し直すことができる。

3 呼び出しが開始される

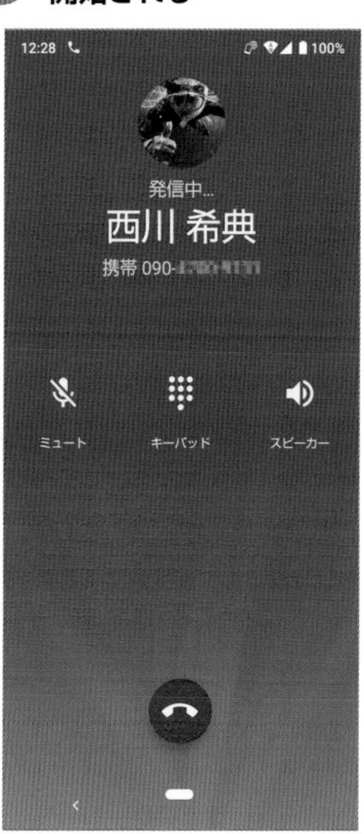

発信ボタンをタップすると呼び出しが開始され、相手が応答すれば通話ができる。電話番号が連絡先や電話帳に登録されている場合は、呼び出し画面に写真や名前も表示される。

オススメ操作!

通話履歴やリンクからすばやく発信

一度発信した相手や、着信のあった相手に折り返したい場合は、通話履歴からかけ直すのが早い。履歴画面から電話したい相手の発信ボタンをタップしよう。また、Webサイトやメールの電話番号がリンク表示の場合は、タップして発信ボタンをタップするだけで電話できる。

アプリ

使用中とスリープ中で操作が違う

036 かかってきた電話を受ける／拒否する

電話（標準アプリ）

電話がかかってきた時、スマホを使用中の場合は画面上部にバナーが表示されるので、「電話に出る」ボタンをタップして電話に出よう。今電話に出られないなら、「拒否」ボタンで応答を拒否できる。応答を拒否した場合、相手の呼び出し音はすぐに切れる。ただし、スリープ中のロック画面では操作が少し異なるので注意しよう。画面下部に表示される受話器ボタンを、上にスワイプすれば電話に応答でき、下にスワイプすれば応答を拒否できる。機種によっては、ボタンを左右にスワイプして応答／拒否する場合もある。

1 スマホの使用中にかかってきた場合

スマホの使用中に電話がかかってくると、画面上部にバナーが表示される。電話に出るなら「電話に出る」を、今は出られないなら「拒否」をタップしよう。

2 スリープ中にかかってきた場合

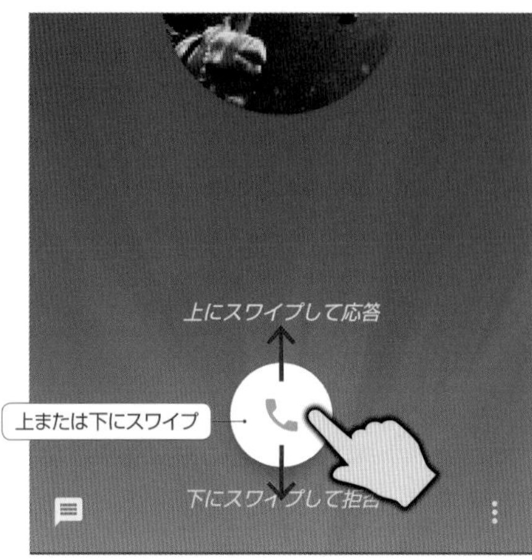

スリープ中に電話がかかってきた場合は、画面下部の受話器ボタンを上にスワイプすれば応答でき、下にスワイプすれば応答を拒否できる。

アプリ

電話の切り忘れに注意

037 電話の通話を終了する

電話（標準アプリ）

通話中にホーム画面に戻ったり、電源ボタンを押して画面をスリープさせても、まだ通話は終了していない。自分の声は相手に届いているし、相手の声も聞こえるはずだ。これは、通話中に他のアプリも使えるようにするため。例えば、話しながらネットで調べ物をしたり、メモを取るといったことができる。きちんと電話を切るには、基本的に電話アプリの通話画面で、赤い終了ボタンをタップする必要がある。なお、端末の設定を変更すれば、電源ボタンで通話を終了させることも可能だ。

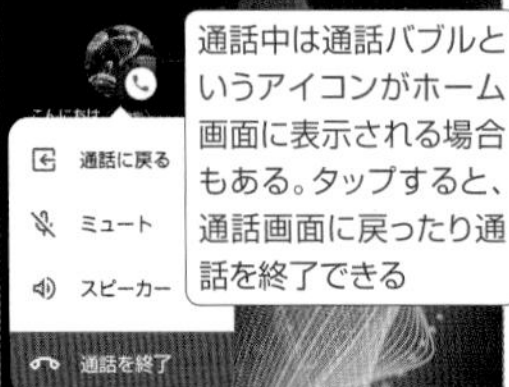

ステータスバーに通話アイコンがあれば通話中。他のアプリを開いたりスリープしても通話は切れない。

通話画面の赤い「終了」ボタンで通話を終了できる。通知パネルから「通話終了」をタップしてもよい。

設定ポイント！

電源ボタンで通話を終了させるには

いちいち通話画面を確認して終了ボタンをタップするのが面倒なら、本体側面の電源ボタンを押しても通話を終了できるようにしておこう。本体の「設定」→「ユーザー補助」にある「電源ボタンで通話を終了」をオンにしておけばよい。この機能をオンにしても、通話画面の終了ボタンでも通話を切れる。

アプリ 038

いちいち番号を入力しなくても電話できるように

友人や知人の連絡先を登録しておく

連絡帳(標準アプリ)

「連絡帳」や「連絡先」、「電話帳」アプリを使って、名前や電話番号、住所、メールアドレスなどを登録しておけば、スマートフォンで連絡先をまとめて管理できる。この連絡帳アプリは電話アプリとも連携するので、連絡帳に登録済みの番号から電話がかかってきた際は、電話アプリの着信画面に名前が表示され、誰からの電話かひと目で分かるようになる。また、電話アプリの連絡先画面を開くと、連絡帳アプリの連絡先一覧が表示され、名前で選んで電話をかけることも可能だ。いちいち電話番号を入力しなくても、すばやく電話できるようになるので、友人知人の電話番号はすべて連絡帳アプリに登録しておこう。

連絡帳アプリで連絡先を作成する

1 連絡先を作成・編集する

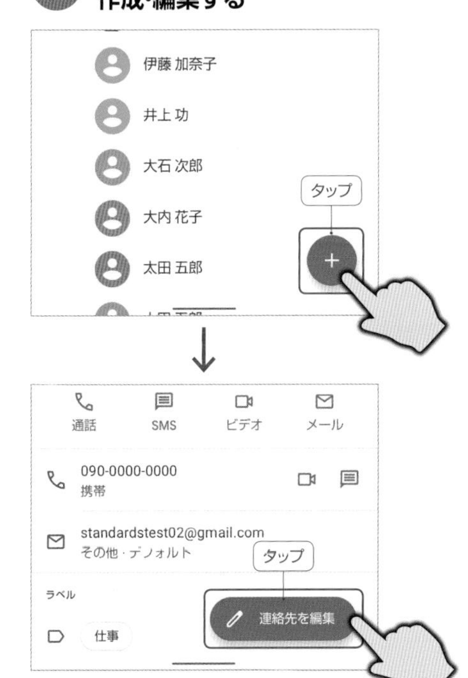

連絡帳アプリを起動し、新規連絡先を作成する場合は「＋」ボタンをタップ。既存の連絡先の登録内容を編集するには、連絡先を開いて、下部の「連絡先を編集」ボタンをタップしよう。

2 電話番号や住所を入力して保存

氏名、電話番号、メールアドレス、住所といった項目を入力し、「保存」ボタンをタップで保存できる。作成した連絡先は、「保存先」に表示されているGoogleアカウントに保存される。

3 電話アプリの連絡先から電話する

電話アプリの「連絡先」画面を開くと、連絡帳アプリに登録している連絡先が一覧表示される。連絡先をタップして開き、電話番号をタップすれば、その番号に発信できる。

設定ポイント!

ドコモ電話帳は保存先に注意

ドコモ版のスマホでは、標準の連絡帳アプリが「ドコモ電話帳」になっている場合がある。新規連絡先を作成すると、標準では「docomoアカウント」に保存されてしまうので、ドコモ電話帳アプリの「設定」→「新しい連絡先のデフォルトアカウント」を「Google」に変更しておこう。

アプリ

039

バッジやステータスバーのアイコンで確認

不在着信にかけなおす

電話（標準アプリ）

不在着信があると、電話アプリアイコンの右上に数字が表示されているはずだ。これは不在着信の件数を表す数字で、「バッジ」と呼ばれる。また、ステータスバーにも、不在着信のアイコンが表示される。バッジや通知アイコンで不在着信を確認したら、電話アプリの履歴画面を開いて、不在着信のあった相手の発信ボタンをタップしよう。すぐに折り返し電話をかけ直せる。また、通知パネルを開き、「コールバック」をタップしてかけ直してもよい。履歴画面で不在着信を確認した時点で、バッジや通知アイコンは消える。

不在着信は、電話アプリアイコンのバッジや、ステータスバーのアイコンで確認できる。

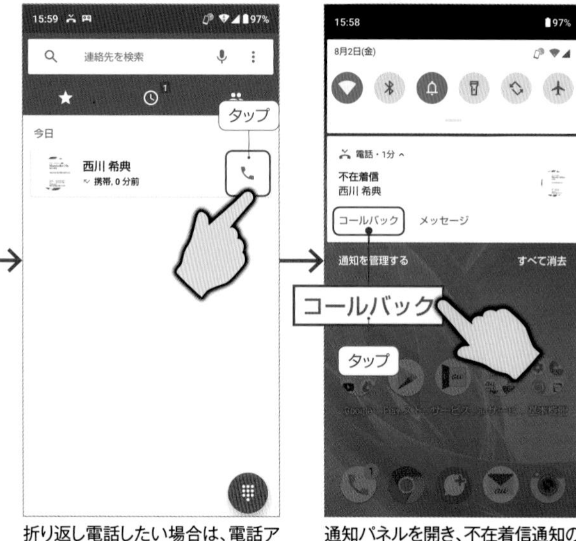

折り返し電話したい場合は、電話アプリの履歴画面を開き、履歴の発信ボタンをタップしよう。

通知パネルを開き、不在着信通知の「コールバック」をタップしても、電話をかけ直せる。

アプリ

040

簡易留守録（伝言メモ）機能を使おう

無料で使える留守番電話を利用する

電話（標準アプリ）

スマートフォンには、電話に出られないときに相手のメッセージを録音できる、無料の「簡易留守録（伝言メモ）」機能が最初から用意されている。あらかじめ電話アプリで機能を有効にしておこう。また、録音できる件数や時間は機種によって異なっているので、マニュアルなどで確認しておきたい。なお、通信キャリアによっては、有料の留守番電話サービスを契約することもできる（ahamoなどの新料金プランでは使えない）。簡易留守録と違って、電波が届かない場所でもメッセージが録音されるのがメリットだ。

電話アプリのオプションメニューから、「設定」→「通話」→「簡易留守録」をタップし、機能をオン。

「応答時間設定」の設定時間を過ぎると、簡易留守録が起動し、メッセージの録音が開始される。

メッセージは、電話アプリの「設定」→「通話」→「簡易留守録」→「簡易留守録リスト」で再生できる。

アプリ

クイックアクセスですばやく電話

041 よく電話する相手にすぐかけらるよう登録しておく

連絡帳
(標準アプリ)

よく電話する相手は、「お気に入り」に登録しておこう。連絡帳アプリで連絡先をタップして開き、上部の☆ボタンをタップすればよい。電話アプリのお気に入り画面を開くと、☆ボタンをタップした連絡先が一覧表示されるはずだ。これをタップするだけで、すぐに電話をかけることができる。なお、お気に入りに登録していない連絡先でも、よく電話する相手は、自動的に電話アプリのお気に入り画面に表示される。

連絡帳アプリで☆をタップした連絡先は、電話アプリのお気に入り画面からすばやく電話できる。

アプリ

他のアプリを使っても通話は切れない

042 電話で話しながら他のアプリを操作する

電話
(標準アプリ)

スマートフォンで電話を切るには、基本的に通話画面の終了ボタンをタップする必要がある。通話中に他のアプリを起動しても、通話は継続しているので、メールやマップを見ながら会話することも可能だ。元の通話画面に戻るには、通知パネルを開いて通話中の表示をタップすればよい。なお、他のアプリを操作しながらしゃべるには、No043で解説しているスピーカー出力をオンにして、相手の声がスピーカーから聞こえるようにしておいた方が快適だ。

通話中にホーム画面に戻って、他のアプリを起動してみよう。通話を継続しつつ他のアプリを操作できる。

アプリ

端末を持たなくても声が聞こえる

043 置いたまま話せるようスピーカーフォンを利用する

電話
(標準アプリ)

本体を机などに置いてハンズフリーで通話したい時は、通話画面に表示されている「スピーカー」ボタンをタップしよう。端末を耳に当てなくても、相手の声が端末のスピーカーから大きく聞こえるようになる。No042の解説のように、他のアプリを操作しながら電話したい場合も、スピーカーをオンにしておいた方が、スムーズに会話できて便利だ。スピーカーをオフにしたい場合は、もう一度「スピーカー」ボタンをタップすればよい。

「スピーカー」をオンにすると、端末を耳に当てなくても、スピーカーから相手の声が聞こえる。

アプリ

キーパッドボタンで入力しよう

044 宅配便の再配達依頼など通話中に番号入力を行う

電話
(標準アプリ)

宅配便の再配達サービスや、各種サポートセンターの音声ガイダンスなど、通話中にキー入力を求められる機会は多い。そんな時は、通話画面に表示されている「キーパッド」ボタンをタップしよう。ダイヤルキー画面が表示され、数字キーをタップしてキー入力ができるようになる。元の通話画面に戻りたい時は、キー入力欄の左にある「×」ボタンをタップすればよい。ダイヤル画面が閉じて通話画面に戻る。

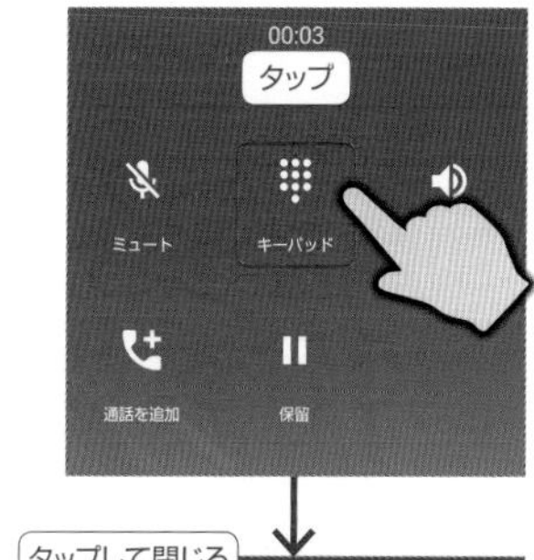

アプリ

045

Googleアカウントがあればすぐに使える

Gmailを利用する

Gmail(標準アプリ)

GmailはGoogleが提供する無料のメールサービスだ。Googleアカウントを作成すれば(No026で解説)、Googleアカウントがそのまま Gmailのメールアドレスになる。つまりAndroidスマートフォンを使っていれば、誰でもGmailを利用できるのだ。メールの送受信には「Gmail」アプリを使おう。Gmailにはさまざまな利点があるが、特に便利なのが、スマートフォン、タブレット、iPhone、パソコンなどさまざまな機器で、同じGoogleアカウントを使うだけで、いつでも同じ状態のメールを読める点。メールや設定はすべてインターネット上に保存されるので、個別のバックアップ操作なども不要だ。

Gmailアプリを起動すればすぐに使える

Gmailアプリを起動する

ホーム画面の「Google」フォルダ内に「Gmail」アプリがあるので、これをタップして起動するだけで、すぐに利用できる。Gmailアプリがない場合は、Playストアからインストールすればよい。

他のトレイやラベルを開く

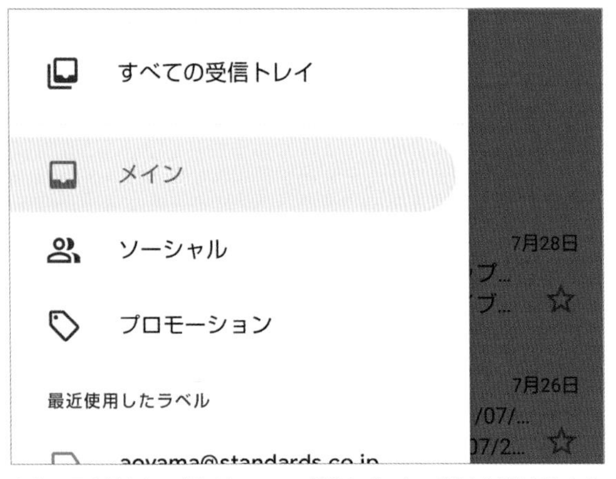

左上の三本線をタップするとメニューが開き、「スター付き」や「送信済み」トレイの表示に切り替えたり、メールを振り分けるための「ラベル」を付けたメールを一覧表示できる。「設定」画面もここから開く。

Gmailアプリで新規メールを作成して送信する

1 新規作成ボタンをタップする

Gmailアプリを起動すると、受信トレイが表示される。新規メールを作成するには、画面右下の新規作成ボタンをタップしよう。

2 メールの宛先を入力する

Gmailに連絡先への提案を許可しておけば、「To」欄にメールアドレスや名前の入力を始めた時点で、連絡帳内の宛先候補がポップアップ表示されるので、これをタップする。

3 件名や本文を入力して送信する

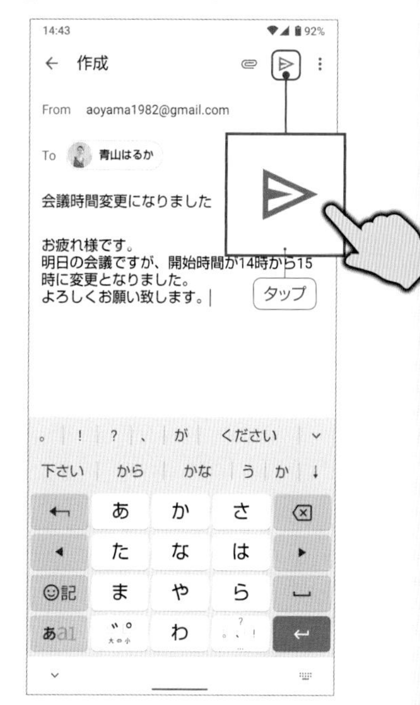

件名や本文を入力し、上部の送信ボタンをタップすれば送信できる。作成途中で受信トレイなどに戻った場合は、自動的に「下書き」ラベルに保存される。

Gmailアプリで受信したメールを読む／返信する

1 読みたいメールをタップする

受信トレイでは、未読メールの送信元や件名が黒い太字で表示される。既読メールは文字がグレーになる。読みたいメールをタップしよう。

2 メール本文の表示画面

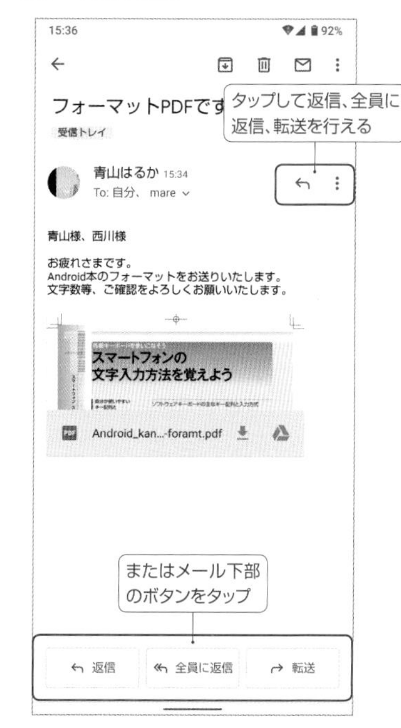

メールの本文が表示される。「返信」「全員に返信」「転送」メールの作成は、メール最下部のボタンをタップするか、または送信者欄の右のボタンやオプションメニューで行える。

3 返信メールを作成して送信する

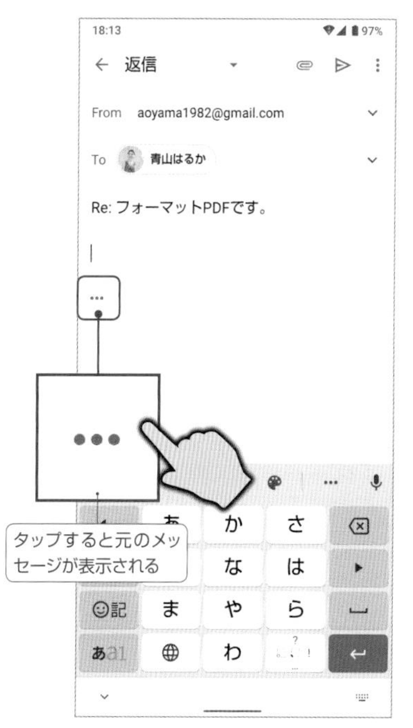

「…」をタップすると、元の引用メッセージが表示され、その下に返信文などを追記できる。「…」をロングタップして「元のメッセージを削除」をタップすると、引用を削除できる。

アプリ 046

Gmailアプリでまとめて送受信できる

会社のメールやプロバイダのメールを送受信する

No045で紹介した「Gmail」は、「○○@gmail.com」を使えるメールサービスであると同時に、他のメールアドレスを設定して使えるメールクライアント(メールソフト)としての性質もある。Gmailアプリに、普段使っている会社や自宅のメールアカウントを追加しておけば、Gmailアプリで自宅アドレス宛てのメールを受信して読んだり、Gmailアプリから会社のアドレスを差出人にしてメール送信できるようになる。なお、送受信サーバーの設定を自分で入力していく必要があるので、あらかじめ会社やプロバイダから指定されたアカウント情報を準備しておこう。

Gmailアプリに会社や自宅のメールアカウントを追加する

1 別のアカウントを追加をタップ

Gmailアプリを起動したら、まず右上のアカウントボタンをタップ。メニューが表示されたら、「別のアカウントを追加」をタップしよう。

2 その他をタップしてメールアドレスを入力

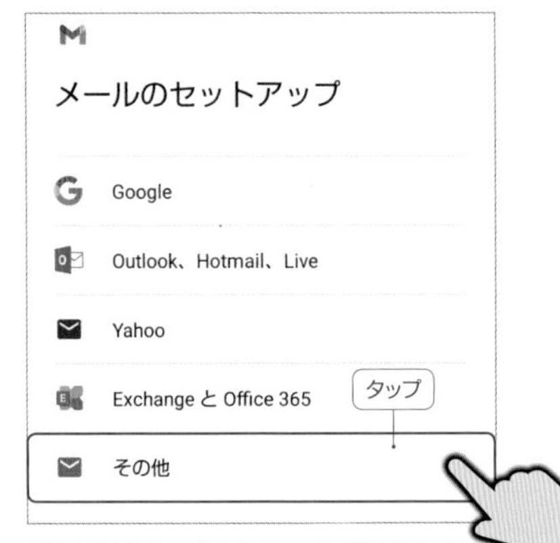

「その他」をタップして、Gmailで送受信したい、会社や自宅のメールアドレスを入力し、「次へ」をタップする。なお、この画面から他のGmailアカウントなども追加できる。

3 アカウントの種類を選択する

このアカウントの種類を「POP3」「IMAP」から選ぶ。プロバイダや会社から指定されている通りに選択しよう。対応していればIMAPがおすすめだが、多くの場合はPOP3で設定を行う。

4 受信サーバーの設定を行う

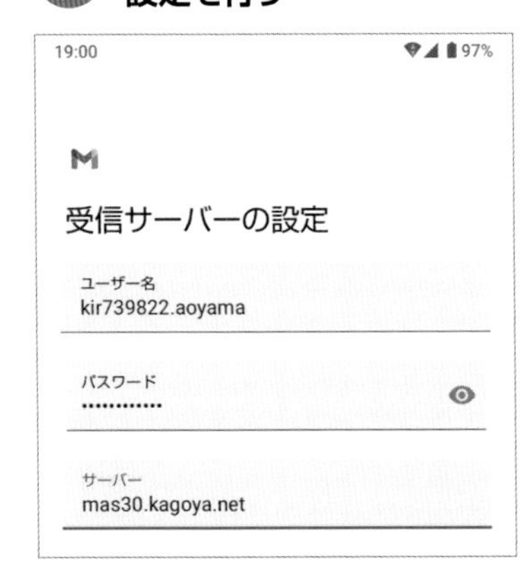

メールのパスワードを入力したら、続けて会社やプロバイダからもらったアカウント情報に記載されている、受信サーバーのユーザー名やサーバーなどを設定して「次へ」をタップ。

5 送信サーバーの設定を行う

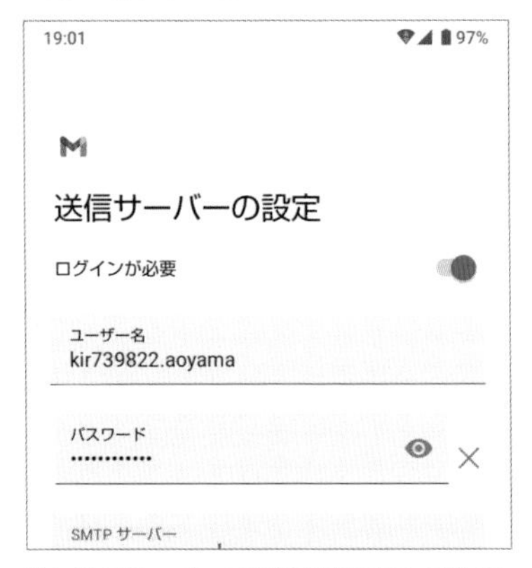

次に送信サーバーの設定を済ませる。同じく会社やプロバイダから指定されたSMTPサーバー、ユーザー名などを入力し、必要ならセキュリティの種類なども変更して、「次へ」をタップしよう。

6 同期スケジュールなどを設定する

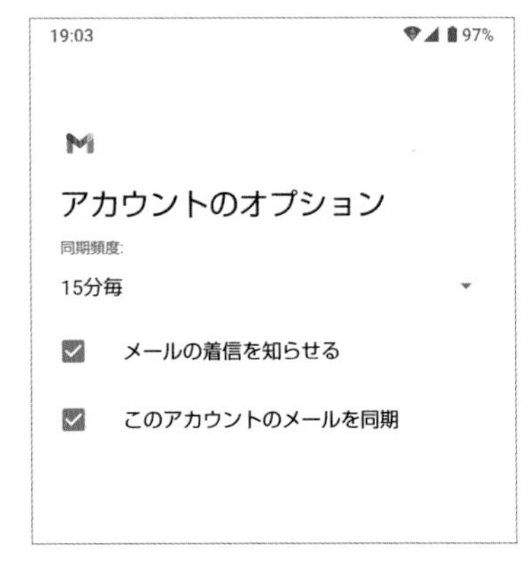

「同期頻度」で新着メールを何分間隔で確認するかを選択し、「次へ」をタップ。最後に送信メールに表示する名前などを入力しておけば、アカウントの設定は完了だ。

アカウントの切り替えとその他の設定

1 追加したアカウントに切り替える

右上のアカウントボタンをタップすると、追加したアカウントが一覧表示されているはずだ。切り替えたいアカウントをタップしよう。

2 会社や自宅のメールを送受信できる

受信トレイを開くと、このアカウントに届いたメールのみが表示される。また「作成」ボタンをタップすると、このアカウントのアドレスを差出人としてメールを作成、送信できる。

3 すべての受信メールをまとめて確認する

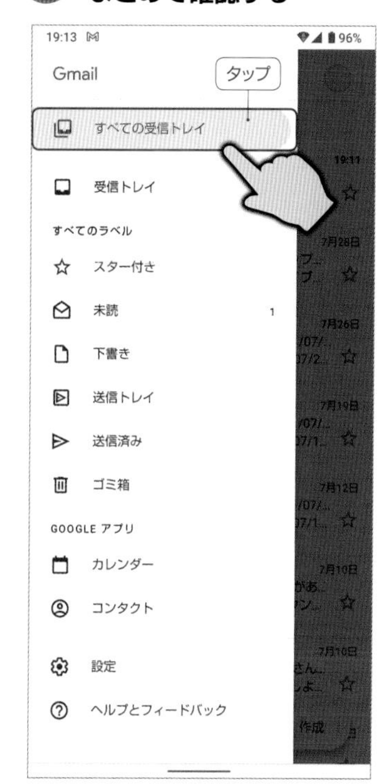

いちいちアカウントを切り替えなくても、左上の三本線をタップしてメニューを開き、「すべての受信トレイ」を開くと、すべてのメールアカウントの受信メールをまとめて確認できる。

4 メールの差出人を変更する

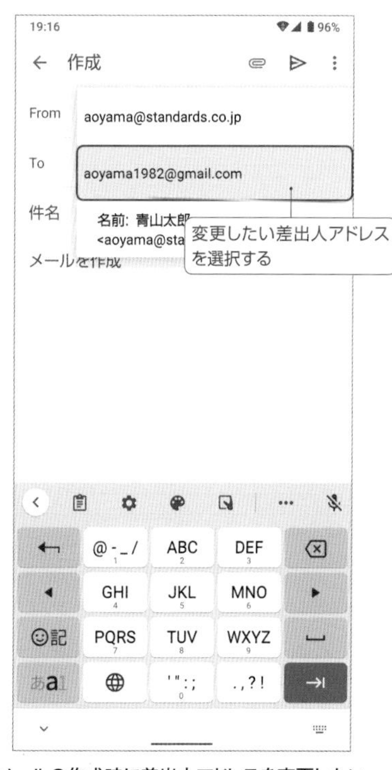

メールの作成時に差出人アドレスを変更したい場合は、「From」欄をタップして他のアドレスを選択すればよい。なお返信メールの場合は、受信したアドレスがそのまま差出人に設定される。

5 アカウントごとの設定を変更する

左上の三本線をタップしてメニューを開き、「設定」をタップすると、「全般設定」の他に各アカウントの個別設定が用意されている。タップするとアカウントごとの詳細設定が可能だ。

6 アカウントごとに通知設定を変更する

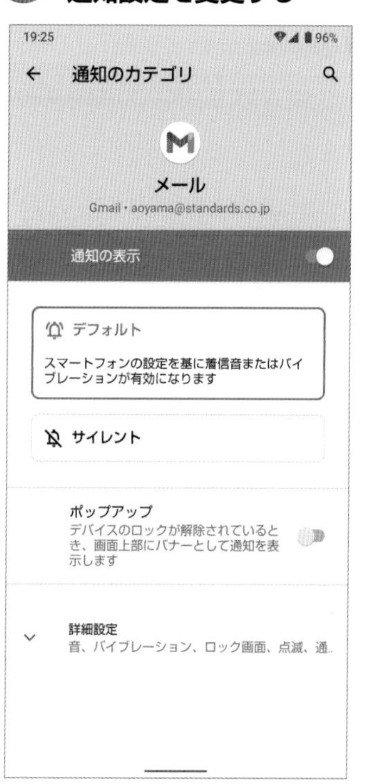

アカウントごとの設定画面で「通知を管理する」をタップすると、このアカウントの通知音やバイブレーションを変更できる。仕事メールは通知音を変えるなど、個別に設定しておくと便利だ。

アプリ

047 ドコモ版のスマホで使えるメールアドレス ドコモメールを利用する

ドコモメール
(標準アプリ)

「ドコモメール」(@docomo.ne.jp)を送受信するには、ドコモ端末に標準インストールされている「ドコモメール」アプリを使おう。利用にはdアカウントが必要だが、「設定」→「ドコモのサービス/クラウド」→「dアカウント設定」で設定済みなら、あとはドコモメールアプリを起動するだけで、すぐに利用できるはずだ。新規メールの作成は下部の「新規」ボタンから、メール設定の変更は「その他」から行う。「dアカウント設定」を済ませないとWi-Fi接続時はメールを送受信できないので、下の囲みの通り設定を済ませておこう。なお、新料金プランのahamoではドコモメールを利用できない。

ドコモメールの初期設定と使い方

1 ドコモメールを起動する

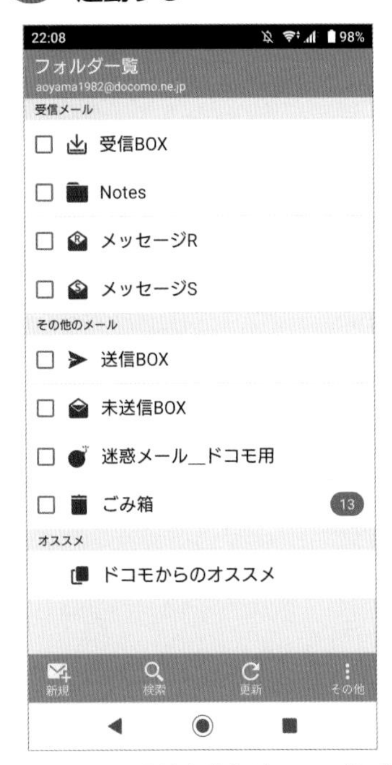

ドコモメールアプリを起動すると、フォルダー覧画面が開く。新規メールの作成や検索、その他メニューボタンなどは下部にまとめられている。

2 受信したメールを読む

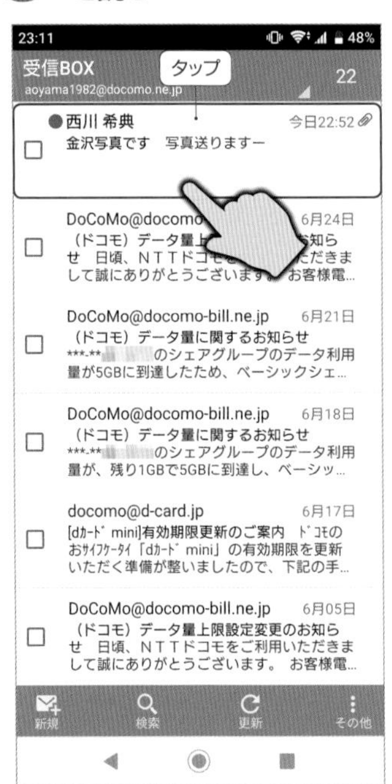

「受信BOX」などをタップすると、そのフォルダの受信メールが一覧表示される。未読メールには左端に青いマークが付く。読みたいメールをタップすると、メール本文が表示される。

3 新規メールを作成して送信する

メールボックス一覧の左下にある「新規」ボタンをタップすると、新規メールの作成画面になる。写真などの添付は「添付」タブで行う。上部の「送信」ボタンをタップすれば送信できる。

こんなときは?

ドコモメールをWi-Fi接続時にも使えるようにする

ドコモメールをWi-Fi接続時に送受信できるようにするには、「dアカウント設定」を行う必要がある。ドコモメールを起動したら、下部メニューの「その他」→「メール設定」→「本文保持件数·通信設定」→「Wi-Fi利用設定」から「dアカウント設定」をタップし、設定を済ませておこう。

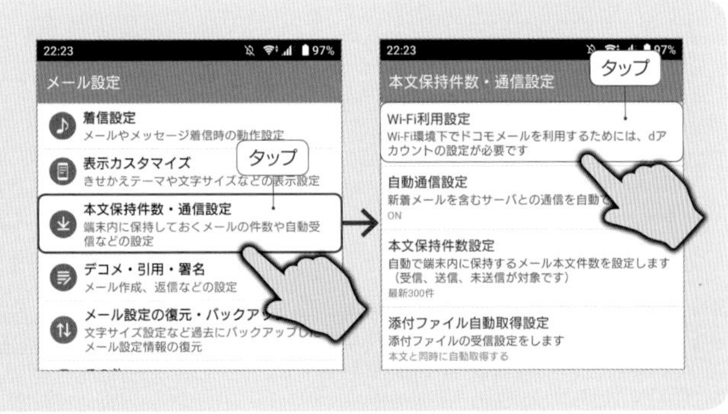

アプリ

048

au版のスマホで使えるメールアドレス

auメールを利用する

auメール
(標準アプリ)

「auメール」(@au.com／@ezweb.ne.jp)を送受信するには、au端末に標準インストールされている「auメール」アプリを使おう。auメールはメールの振り分け機能が豊富で、受信トレイで送信者別／新着順にメールを表示できるほか、フィルタ欄にある「アドレス帳登録者メール」をタップすると、連絡帳に登録されたユーザーからのメールのみを読める。新規メールの作成は、上部の「作成」ボタンから行おう。またサイドメニューの「アプリ操作ガイド」では、auメールのマニュアルをテキストや動画で確認できるので覚えておきたい。なお、新料金プランのpovoではauメールを利用できない。

auメールの初期設定と使い方

1 auメールを起動する

利用規約などに同意し、連絡先などへのアクセスを許可すると、メールボックス一覧が表示される。左上の三本線ボタンをタップすると、サイドメニューが開く。

2 受信したメールを読む

メールボックス一覧の「受信」をタップすると、受信メールが一覧表示される。標準では送信者別でメールが表示されるが、上部の「新着順に見る」タブに切り替えると、新着順に表示される。

3 新規メールを作成して送信する

メールボックス画面などの上部にある「作成」ボタンをタップすると、新規メールの作成画面になる。右上の「送信」でメール送信、「添付」でファイルや画像の添付が可能だ。

こんなときは?

好きなメールアドレスに変更する

auメールを初めて利用する時は、アプリの起動時に、ランダムな英数字のメールアドレスが割り当てられる。これを好きなアドレスに変更したいなら、画面左上の三本線ボタンでメニューを開き、「アドレス変更/迷惑メール設定」→「メールアドレスの変更へ」をタップすればよい。

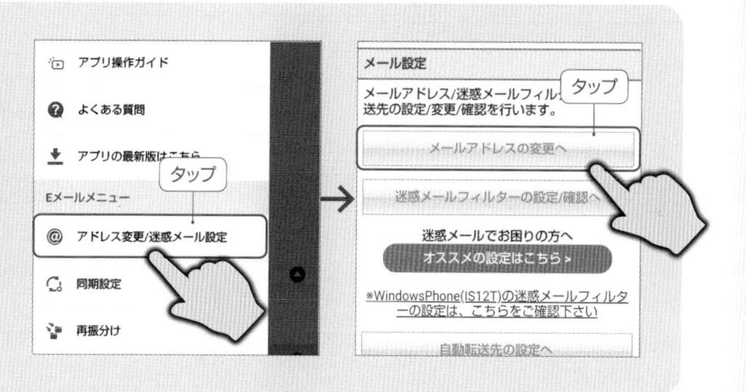

アプリ

049 +メッセージ(SMS)を利用しよう 電話番号宛てにメッセージを送信する

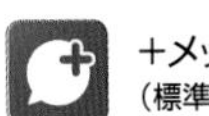

+メッセージ
(標準アプリ)

標準インストールされている「+(プラス)メッセージ」アプリを使うと、電話番号を宛先にして、相手にテキストメッセージ(SMS)を送ることができる。相手の電話番号だけ知っていれば送信できるので、メールアドレスを知らない人とも、メールアドレスが変わってしまった人とも連絡を取れる。また、宛先がガラケーやiPhoneであってもメッセージをやり取りできる点が便利だ。なお、SMSの送信には通常3円~30円／通の送信料がかかるが、相手も「+メッセージ」アプリを使っていれば、無料でメッセージをやり取りできるうえに、SMSよりも長文の送信が可能で、写真、動画、音声、スタンプなども利用できる。

+メッセージでメッセージやスタンプを送る

1 新しいメッセージをタップする

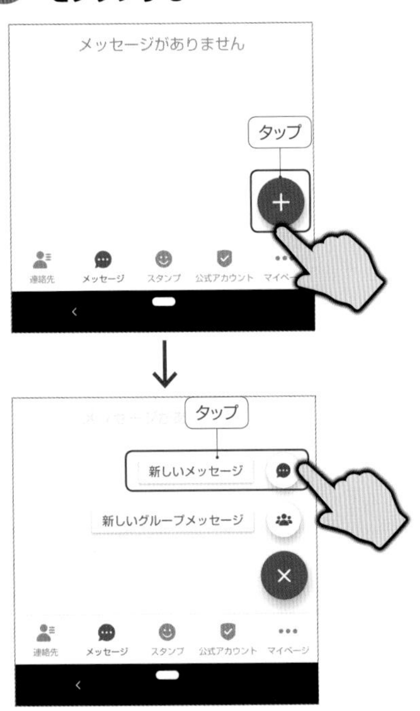

「+メッセージ」を起動したら、右下の「+」→「新しいメッセージ」をタップしよう。グループメッセージを行いたい場合は、「新しいグループメッセージ」で複数の宛先を選択すればよい。

2 連絡先一覧から送信相手を選択する

連絡先一覧から送信相手を選択する。+メッセージのアイコンが表示されている電話番号には、+メッセージで送信できる。+メッセージの表示がない場合は、SMSで送信することになる。

3 メッセージやスタンプを送信

「メッセージを入力」欄にメッセージを入力し、右の送信ボタンをタップすれば送信できる。「+」ボタンをタップすると、スタンプや画像、音声、地図情報などを送信できる。

操作のヒント

iPhoneともやり取りできる

「+メッセージ」を使えば、相手がiPhoneでもSMSでテキストメッセージを送信できる。また、iPhone用の「+メッセージ」アプリも配信されているので、相手が+メッセージアプリをインストール済みであれば、無料で写真や動画を送信したり、スタンプを使ってコミュニケーションできる。

アプリ

050 Chromeを使ってGoogle検索してみよう インターネットで調べものをする

Chrome
（標準アプリ）

Androidスマホで何か調べものをしたいときは、標準のWebブラウザアプリである「Chrome」を使おう。Chromeを起動したら、画面上部のURL欄に検索キーワードを入力して検索を実行しよう。即座にGoogle検索が行われ、検索結果が表示される。閲覧したいWebページのリンクをタップすれば、そのWebサイトにアクセス可能だ。前のページに戻りたい場合は、画面の左右端を中央に向けてスワイプするか、バックボタンをタップすればよい。次のページに進むには、オプションメニューから「→」をタップする。

1 Chromeの URL欄から検索

Chromeを起動したら、画面上部のURL欄をタップ。調べたいキーワードを入力して検索しよう。

2 Google検索が 実行される

Googleでの検索結果が表示される。目的のページのリンクをタップしてWebサイトを開こう。

3 ページを「戻る」「進む」操作

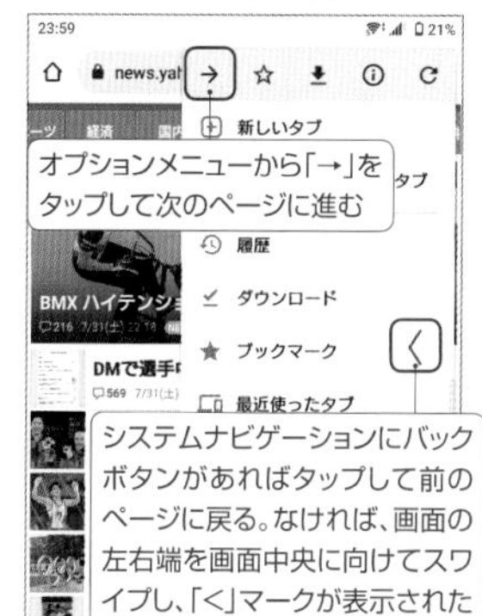

前のページに戻るには、本体のシステムナビゲーションの操作で戻る（No005で解説）。次のページに進むには、オプションメニューボタンから操作する。

アプリ

051 Chromeのタブ表示を使いこなそう サイトをいくつも同時に開いて見る

Chrome
（標準アプリ）

Chromeは、タブ機能が搭載されているので、複数のサイトを同時に開いて、タブを切り替えながら閲覧することが可能だ。たとえば、「複数のショッピングサイトを同時に開いて価格を比較する」、「英語サイトの知らない単語を別タブで検索する」、といった場合に便利。まずは、Chromeのタブボタンから新しいタブを追加して、好きなページを表示しよう。表示するタブを切り替えるには、タブボタンから表示したいページのタブを選べばOKだ。また、不要なタブがある場合は、「×」をタップすれば閉じることができる。

1 Chromeで 新規タブを追加

2 閲覧したいページ を表示する

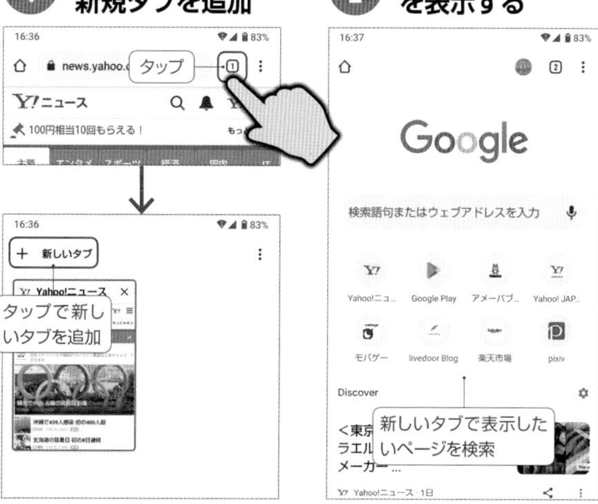

Chromeの画面右上にあるタブボタンをタップ。「＋」ボタンをタップすると、新しいタブ画面が追加される。

タブを追加すると、Chromeの初期ページが表示される。キーワード検索で好きなページを表示しよう。

3 別のタブに 切り替える

タブを切り替えるには、画面右上のタブボタンをタップ。タブ一覧から、切り替えたいタブをタップしよう。

アプリ

052 リンクを別のタブで開きたい場合
リンクをタップして別のサイトを開く

Chrome
(標準アプリ)

ChromeでWebサイトを閲覧しているとき、リンク先のページを別のタブで開きたい場合は、リンクをロングタップして「新しいタブをグループで開く」を選択しよう。表示中のWebサイトに関連するタブとしてグループ化され、画面下部に出現したタブボタンをタップして素早く表示を切り替えできる。Webサイト内の製品を見比べたり、ニュース一覧から気になる記事だけ開きたい時などに便利だ。グループ化したくないなら、「リンクアドレスをコピー」をタップして、新しいタブを開いてアドレス欄に貼り付ければよい。

1 リンクをロングタップ

ChromeでWebページを表示したら、別タブで開きたいリンクをロングタップしよう。

2 新しいタブをグループで開く

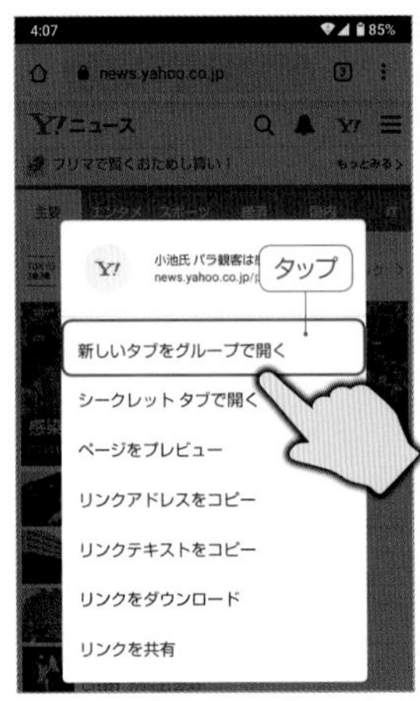

「新しいタブをグループで開く」をタップすると、グループ化された新規タブとしてリンク先が開かれる。

3 グループタブでタブを切り替える

画面下部に出現したグループタブボタンをタップすると、リンク先のページに表示を切り替えできる。

アプリ

053 Chromeでブックマークを登録する
よくみるサイトをブックマークしておく

Chrome
(標準アプリ)

よくアクセスするWebサイトがある場合は、そのサイトをChromeでブックマーク登録しておくといい。ブックマークしたサイトは、いつでもすぐ呼び出して閲覧することができる。Chromeでブックマークを登録するには、登録したいページを開いた状態でオプションボタンをタップし、☆マークをタップするだけ。登録したブックマークは、オプションメニューボタン→「ブックマーク」で呼び出せる。また、同じGoogleアカウントで同期していれば、パソコンのChromeで登録しているブックマークも呼び出すことが可能だ。

1 表示中のページをブックマーク登録

表示中のページをブックマークするには、オプションメニューボタンをタップして「☆」マークをタップ。

2 ブックマークを編集する

画面下に「ブックマークしました」と表示されればOK。「編集」をタップすれば、フォルダなどを変更可能だ。

3 ブックマークを開く

オプションメニューボタンから「ブックマーク」を選択すれば、登録したブックマークが一覧表示される。

アプリ

054

標準のカメラアプリで写真を撮ってみよう

スマートフォンで写真を撮影する

カメラ
(標準アプリ)

写真を撮影したいのであれば、カメラアプリを利用しよう。カメラアプリは、Android端末の機種によって機能や操作方法が異なるが、基本はシャッターボタンを押すだけで撮影可能だ。ほとんどのアプリではオートモードが搭載されており、ピントや露出、感度、ホワイトバランスなどを自動で最適な状態に調整してくれる。自動調整されたピントや露出が好みの状態でなければ、画面をタップして基準点を指定してみよう。その場所にピントや露出が自動調整される。また、自撮りをする場合は、インカメラに切り替えて撮影しよう。なお、カメラ起動中は、音量ボタンなどの物理ボタンでシャッターが切れる端末が多い。

カメラアプリで写真を撮影してみよう

1 シャッターボタンでカメラ撮影しよう

カメラアプリを起動したら、「写真」機能に切り替えてシャッターボタンをタップ。これで写真が撮影される。画面右下などのサムネイル画像をタップすれば、撮影した写真をチェック可能だ。

2 画面タップでピントを合わせよう

標準状態では、ピントや露出などのカメラ設定を自動調整してくれる。もし、ピントや露出を合わせたい対象がある場合は、その部分をタップすればいい。

3 インカメラを使って撮影する

自撮りをするときはインカメラ(前面カメラ)に切り替えれば、画面を見ながら撮影できる。カメラの切り替えは、カメラが回転しているようなマーク)をタップすればいい。

設定ポイント!

撮影した写真をすぐに確認する

撮影した写真をすぐに確認したい時は、シャッターボタン横のサムネイル画像をタップしよう。直前に撮影した写真が表示される。元のカメラ画面に戻るには、上部のカメラボタンをタップすればよい。ボタンがない場合は、本体のシステムナビゲーションの操作(No005で解説)で戻ろう。

アプリ

055

カメラアプリで録画機能を使う

スマートフォンで動画を撮影する

カメラ
(標準アプリ)

カメラアプリでは、写真だけでなく動画も撮影することができる。まずは、カメラアプリを起動して動画撮影モードに切り替えておこう。あとは録画ボタンをタップすれば録画開始。手ブレ補正機能を搭載した機種であれば、手持ちの撮影でも比較的滑らかでブレの少ない動画が撮影可能だ。また、写真撮影時と同じように、露出や感度などは自動調整される。もちろん、マニュアルモードに切り替えれば、ホワイトバランスや感度などを手動で調整することも可能。シーンに応じたこだわりの設定で動画を撮影してみよう。

1 動画撮影に切り替える

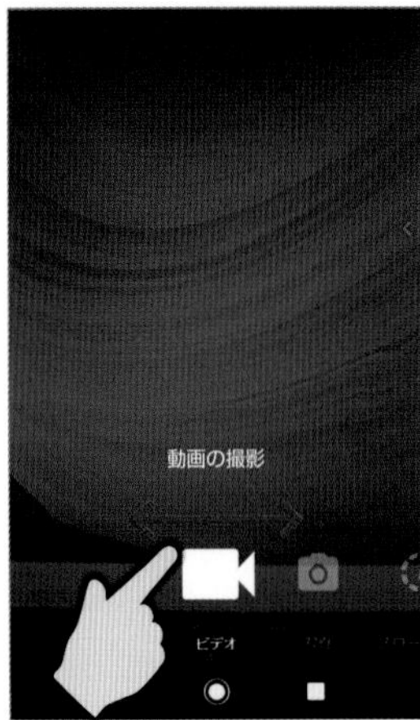

カメラアプリを起動したら、画面を左右にスワイプして動画撮影モードに切り替えておこう。

2 録画ボタンで撮影開始

録画ボタンをタップすれば動画の撮影開始。再びボタンをタップすれば撮影が停止する。

操作のヒント

動画撮影時の画面の向きを意識する

スマホの動画は、無意識に縦画面のまま撮影しがち。ずっと保存しておきたい家族の記録やYouTubeにアップしたい動画、テレビで鑑賞したい映像などは横画面での撮影がおすすめだ。TikTokやInstagramのストーリーズなど縦画面が前提のサービスもあるので、用途別に使い分けよう。

アプリ

056

カメラアプリに搭載された各種機能を使う

さまざまな撮影方法を試してみよう

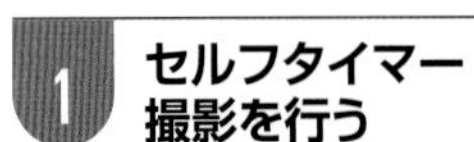
カメラ
(標準アプリ)

スマートフォンに搭載されているカメラアプリによって機能は異なるが、旅行やイベントなどで記念撮影したいときに欠かせないセルフタイマー機能や、フラッシュのオン／オフは、基本的にカメラアプリの画面上のボタンで切り替えできる場合が多い。ボタンが見当たらない場合は、カメラの設定で機能がオフになっていないか確認しよう。またスローモーションやタイムラプス、パノラマなど、カメラアプリの画面内を左右にスワイプすることで、特殊な撮影モードに切り替えて撮影できる機種も多い。

1 セルフタイマー撮影を行う

カメラの画面内にあるセルフタイマーボタンをタップして有効にすると、シャッターをタップして指定秒数後に撮影される。

2 フラッシュのオンオフを切り替える

カメラの画面内にあるフラッシュボタンをタップすると、オン、オフ、オートなどに切り替えできる。

3 特殊な撮影モードで撮影する

カメラの画面内を左右にスワイプすると、スローモーションやタイムラプスなどの撮影モードに変更できる機種もある。

アプリ 057

写真や動画はフォトアプリで閲覧できる

撮影した写真や動画を見る

フォト
(標準アプリ)

カメラで撮影した写真や動画は「フォト」アプリで閲覧可能だ。アプリを起動して「フォト」タブを開くと、端末内やSDカード内、Googleのクラウドサーバーに保存されている写真と動画が一覧表示される。また「検索」タブで撮影場所やカテゴリから、「ライブラリ」タブでフォルダやアルバムから探せる。写真や動画のサムネイルをタップすると全画面で表示され、左右スワイプで前後に切り替えたり、ピンチイン／アウトで拡大／縮小表示が可能だ。なお、不要な写真や動画は、サムネイルをロングタップして選択状態にし、不要なものを複数選択してゴミ箱ボタンをタップすれば削除できる。

アルバムアプリの基本的な使い方

1 アルバムアプリを起動する

「フォト」アプリでは、端末内やSDカード内にある写真やビデオの他に、Googleフォトのクラウドに保存された写真やビデオも表示される。閲覧したいものをタップしよう。ロングタップして選択すれば削除も可能だ。

2 写真や動画が表示される

タップした写真や動画が全画面で表示される。左右にスワイプすれば、前後の写真や動画を表示可能だ。なお、画面をタップすればメニューやボタンが表示され、「←」ボタンを押せば一覧画面に戻ることができる。

アプリ 058

フォトアプリを使えば手軽にバックアップできる

大事な写真をバックアップしておこう

フォト
(標準アプリ)

スマホで撮った写真は必ずバックアップしておこう。スマホの故障や紛失時に、大切な思い出を失わずに済む。バックアップの方法はいろいろあるが、もっとも手軽なのは「フォト」アプリを使った自動バックアップだ。フォトアプリの設定で「バックアップと同期」を有効にすると、スマホで撮影した写真や動画が、Googleのクラウドサーバーに自動でバックアップされるようになる。ただしGoogleアカウントのストレージ容量(無料アカウントでは最大15GBまで)を消費するので、空き容量が足りないとバックアップできない。ストレージ容量を追加購入するか、古い写真を削除するなどして対応しよう。

フォトアプリで写真をクラウドにバックアップする

1 バックアップをオンにする

撮影した写真のバックアップには、標準のフォトアプリが便利だ。アプリを起動したら、まず右上のユーザーボタンをタップし、「バックアップをオンにする」をタップしよう。

2 高画質を選択しておく

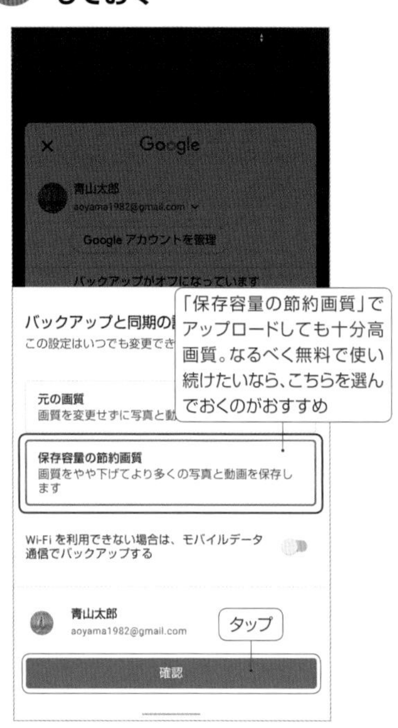

写真や動画を元の画質のままか、画質を少し下げて容量を節約しながらバックアップするかを選択。「確認」をタップすれば、Wi-Fi接続時に写真のバックアップが開始される。

3 他のフォルダをバックアップする

撮影写真が保存されるDCIMフォルダ以外をバックアップ対象にするには、「フォトの設定」→「バックアップと同期」→「デバイスのフォルダのバックアップ」でスイッチをオンにする。

こんなときは?

写真をパソコンにバックアップする

スマホ内の写真や動画をパソコンに取り込みたい場合は、スマホとパソコンをUSB接続しよう。スマホ側でUSBの接続設定を「ファイル転送」にすれば、パソコン側から外付けドライブとして認識される。あとは「DCIM」や「Pictures」フォルダから写真や動画を探し、パソコンにコピーすればいい。

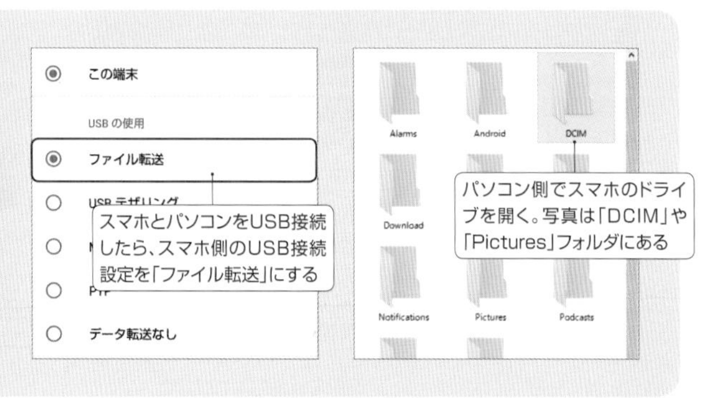

アプリ

059

フォトアプリで写真の色合いなどを変える

撮影済みの写真を見栄えよく編集する

フォト
(標準アプリ)

撮影した写真の編集などは、標準のフォトアプリで行える。フォトアプリで編集したい写真をタップして全画面表示にしたら、画面下の編集ボタンをタップ。編集画面が表示されるので、あとは画面下のボタンから編集を行おう。切り抜きや回転、明るさやコントラストの調整、フィルタの適用など、さまざまな編集を適用できる。「マークアップ」で手書き文字やイラストを挿入したり、「その他」から他社製の画像編集アプリの機能を使って、写真を加工することも可能だ。

1 フォトアプリで写真を開く

フォトアプリを開くと、スマホ内にある写真や動画が一覧表示される。ここから編集したい写真をタップ。

2 編集ボタンをタップする

写真が全画面で表示される。画面下部に4つボタンがあるので、左から2番目の編集ボタンをタップしよう。

3 編集画面で写真を編集する

すると、編集画面になり、フィルタの適用や色調、切り抜き、回転などの編集作業が行えるようになる。

アプリ

060

簡単なカット編集もスマホでできる

撮影した動画の不要な部分を削除する

フォト
(標準アプリ)

スマホで撮影した動画を編集して、一部の範囲だけを残したいという場合は、フォトアプリを使ってみよう。まずはフォトアプリで編集したい動画を開く。動画を開いたら、画面下部の編集ボタンをタップ。続けてタイムライン左右端のカーソルをドラッグし、動画を残す範囲を指定したら、右上の「コピーを保存」をタップして保存しよう。コピーが新規作成されるので、元の動画は残ったままになる。カーソルをロングタップすると、より細かい範囲指定ができるほか、「スタビライズ」ボタンで手ブレ補正もできる。

1 編集ボタンをタップする

動画の画面内を一度タップするとメニューが表示されるので、下部の編集ボタンをタップしよう。

2 範囲を指定してコピーを保存

左右端のカーソルをドラッグして動画を残す範囲を指定。「コピーを保存」で選択範囲を保存する。

3 その他色調などの編集も可能

写真の編集(059で解説)と同様に、動画でも切り抜きや色調などの調整、フィルタの適用が可能だ。

使いこなしPOINT

写真やおすすめのサイト、動画などを家族や友人に送る方法

「共有」機能を活用しよう

旅先で撮影した写真を家族に送ったり、ネットショップのお買い得商品を友人に知らせることを「共有する」と言い、「送信する」に近い意味で使われる。スマートフォンでは、写真やサイトに限らず、おすすめの動画やTwitterで話題の発言、乗換案内の検索結果、地図の位置情報など、ありとあらゆるデータを共有できる。共有する方法としては、アプリの共有機能を使ってデータを他のアプリやユーザーに受け渡す方法と、LINEやメールの添付機能を使って他のアプリのデータをメッセージに添付する方法がある。スマートフォンでのコミュニケーションに必須の操作なので、ぜひ覚えておこう。

アプリの共有機能を利用する

まずはアプリの共有機能の利用法を覚えよう。たとえば、Chromeでネットショップを見ている時、友人が探している商品が安く売っていたというシチュエーション。この情報をすぐにでも知らせたいと思ったら、画面右上のオプションメニューボタンをタップして「共有」を選択しよう。次に、メールやLINEなど、いつもやり取りに使っているアプリを選択する。メッセージにアドレスが入力された状態でそのアプリが起動するので、ひと言添えて送信しよう。Chrome以外のアプリでも、操作手順は同様だ。なお、TwitterなどのSNSアプリを選択して、情報を発信することも「共有」に含まれる。

1 オプションメニューボタンをタップ

友人に教えたいサイトを開いたまま、画面右上のオプションメニューボタンをタップ。表示されたメニューで「共有」を選択しよう。「共有」というボタンが用意されているアプリもある。

2 アプリを選択して送信する

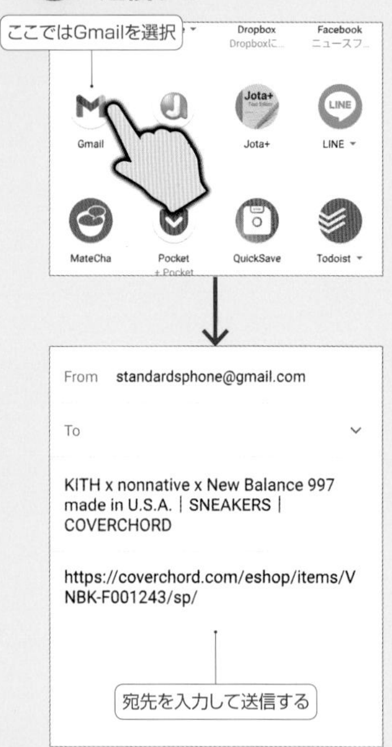

アプリ選択画面になったら、普段やり取りしているアプリを選択する。そのアプリが起動するので、宛先やメッセージを入力して送信しよう。

その他のデータ共有方法

メールやLINEアプリには、写真やデータを添付するボタンが備わっているので、そこから共有することもできる。また、Webサイトを知らせる際などは、アドレスをコピーしてメッセージに貼り付けるのも手っ取り早い。

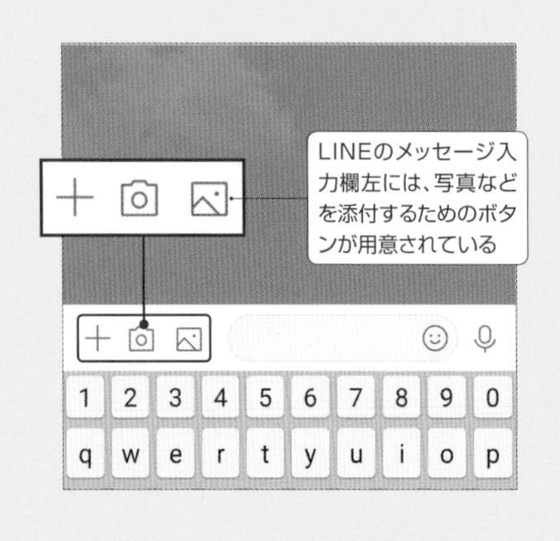

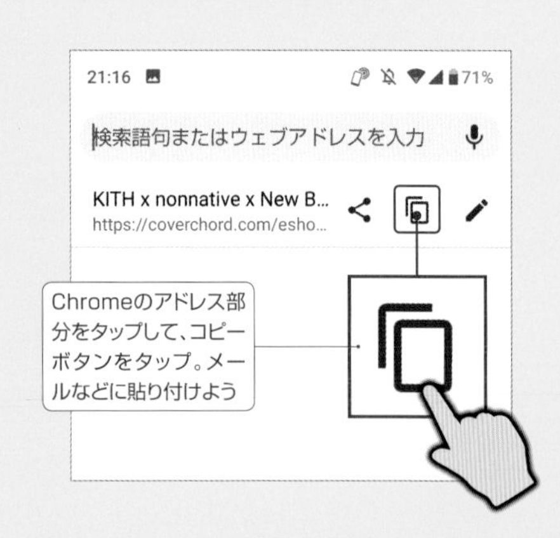

アプリ

061

写真や動画を日付や場所、キーワードで探す

以前撮った写真や動画を検索する

フォト
(標準アプリ)

フォトアプリの「検索」画面を開くと、さまざまな条件で写真を検索することが可能だ。撮影日時で検索したり、地名を入力して撮影場所で検索できるほか、「海」「花」「犬」などをキーワードに検索すれば、それらが写っている写真がピックアップされる。フォトアプリで同期した写真は、Googleのサーバー上で画像認識が行われ、何が写っているのかまで判別してくれるのだ。また、ユーザーボタンをタップして「フォトの設定」→「フェイスグルーピング」をオンにしておけば、似た顔が写った写真がグループ化され、「人物とペット」の一覧から探し出せる。

1 検索メニューを開く

フォトアプリで写真を探すには「検索」メニューを開こう。キーワードやカテゴリで検索できる。

2 キーワードで被写体を検索

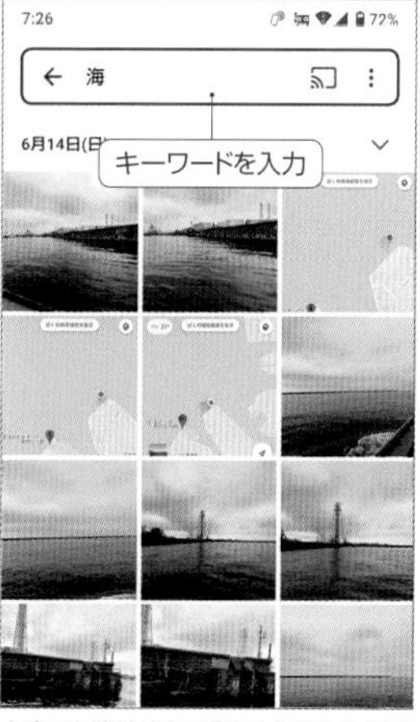

上部の検索欄で「海」「花」などをキーワードに検索すると、その被写体の写真が抽出される。

3 よく写っている人物の写真を探す

よく写っている人物の写真を探すには、「人物とペット」の「すべて表示」をタップしよう。

アプリ

062

Googleマップの基本的な使い方

マップで今いる場所のまわりを調べる

マップ
(標準アプリ)

スマートフォンでは、Googleマップの機能が標準のマップアプリで利用可能だ。マップアプリを起動すると、周辺の地図や自分の現在地、どの方向を向いているのかなどが即座に表示される。これなら、初めて訪れる場所でも道に迷うことがなくなるはずだ。なお、マップアプリで現在位置が表示されない場合は、設定アプリで位置情報の利用を許可しておく必要がある。「設定」アプリから「位置情報」→「位置情報の使用」のスイッチがオンになっていることを確認しておこう。

1 マップアプリで現在地を表示

マップアプリを起動して、上で示したボタンをタップしよう。これで現在地周辺のマップが表示される。

2 航空写真で建物の外観を確認する

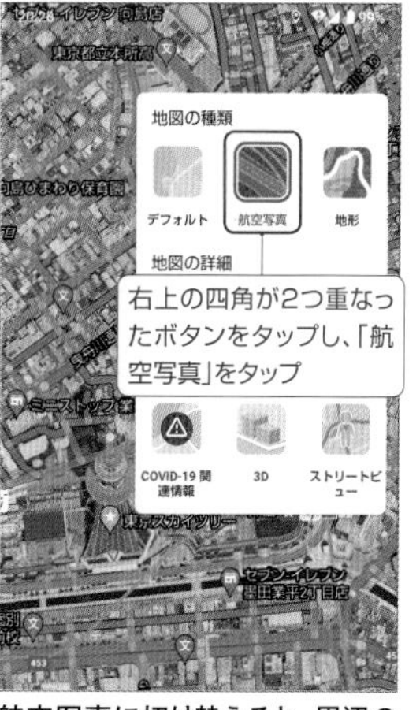

航空写真に切り替えると、周辺の建物の外観を確認しながら、現在地や目的地を探すことができる。

操作のヒント

現在地の表示がおかしい場合は

現在地がずれて表示される場合はWi-Fiをオンにしよう。GPS以外に周辺のWi-Fiも使って現在地を特定するようになり、位置情報の精度が上がる。青いマークの方向が間違っている場合は、青いマークをタップして「コンパスの調整」をタップ。スマホを8の字に動かしてコンパスを調整しよう。

アプリ

063 レストランやカフェなど目的の場所を探す マップでスポットを検索する

マップ
(標準アプリ)

マップで特定の場所を調べたい時は、画面上部の検索ボックスに施設名や店名、地名、住所などを入力し、キーボードの虫眼鏡ボタンか、表示される検索候補を選んでタップすればよい。マップ上に赤いピンが表示され、検索した場所が表示される。また「レストラン」と検索すれば、現在表示しているエリアにあるレストランをまとめて表示してくれる。「東京駅　ホテル」のように検索すれば、エリアを指定して検索することも可能だ。ホテルやコンビニ、居酒屋など、色々試してみよう。

1 施設名などでキーワード検索

「東京スカイツリー」など施設名を入力して検索すると、その場所がマップ上にピン表示される。

2 周辺のレストランなどを探す

「レストラン」などカテゴリで検索すれば、表示中のエリア周辺にあるレストランが一覧表示される。

3 スポットの詳細な情報を確認する

検索結果のスポットをタップすると、住所や電話番号、営業時間、写真などの詳細情報を確認できる。

アプリ

064 スポットをリストに保存する マップで調べた場所をわかりやすくマークしておく

マップ
(標準アプリ)

マップアプリで見つけたスポットは、「スター付き」や「お気に入り」などのリストに保存しておくことが可能だ。スポットを保存するには、まず検索でスポットを探すか、マップ上のスポットをタップしてピンを立てるかしよう。画面下のスポット名をタップして詳細情報を表示したら「保存」をタップ。あとは、保存したいリストを選んで「完了」を押そう。保存したスポットは、地図上に特殊なマークが付くので、どこにあるのかがすぐわかるようになる。

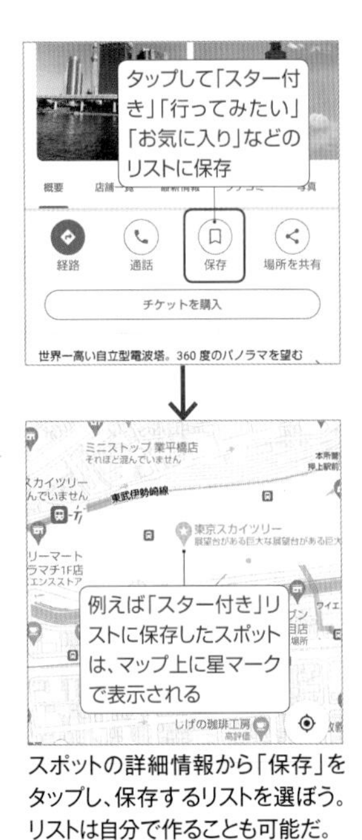

スポットの詳細情報から「保存」をタップし、保存するリストを選ぼう。リストは自分で作ることも可能だ。

アプリ

065 指1本でマップを拡大／縮小する マップを片手で操作する方法を覚えておこう

マップ
(標準アプリ)

マップアプリで表示の拡大／縮小を行う場合、通常は2本指でピンチアウト／インを行う。しかし、この方法は両手での操作が必須となるので、片手のみでスマホを操作しているときには若干やりにくい。そこで、もっと簡単に拡大／縮小操作ができる操作方法を紹介しておこう。それは、「親指1本で画面をダブルタップしてから上下にスワイプする」方法だ。これなら、片手持ちでもマップの拡大／縮小ができるようになる。便利なので覚えておこう。

マップの画面をダブルタップして、そのまま上または下にスワイプすると、表示の縮小／拡大が可能だ。

アプリ

066

マップアプリの経路検索を使いこなす

目的地までの道順や所要時間を調べる

マップ（標準アプリ）

マップアプリでは、2つの地点を指定した経路検索が行える。まずは画面右下の経路ボタンをタップし、出発地や目的地、移動手段を選択しよう。先に目的地を検索して「経路」ボタンをタップしてもよい。画面下部にルートの候補が表示され、所要時間や距離を確認できる。音声ナビの利用も可能だ。移動手段としては車、公共交通機関、徒歩、タクシー、自転車を選択できるが、電車の乗換案内は「Yahoo!乗換案内」の方が使いやすくておすすめ（No076で解説）。またタクシーで配車をリクエストするには、「GO」や「DiDi」など対応アプリのインストールが必要で、対応エリアも限られる。

マップアプリで経路検索を行う

1 経路検索モードに切り替える

まずは画面右下にある経路ボタンをタップしよう。2つの地点のルートを調べる経路検索モードに切り替わる。

2 出発地や目的地、移動手段を選択

出発地や目的地、移動手段を選択する。例えば移動手段を車にすると、マップに最適なルートと渋滞情報が表示され、所要時間と距離も確認できる。

3 目的地から経路検索する

目的地の施設や住所を検索してから、画面下のスポット情報欄にある「経路」ボタンをタップしても、経路検索モードに切り替えることができる。

操作のヒント

経路検索で経由地を追加する

公共交通機関では指定できないが、車や自転車、徒歩の経路検索では、複数の経由地を含めた経路検索も可能だ。経由地を追加したい場合は、経路検索画面のオプションメニューボタンから「経由地を追加」をタップしよう。次の画面で経由地を複数追加したり、並べ替えることもできる。

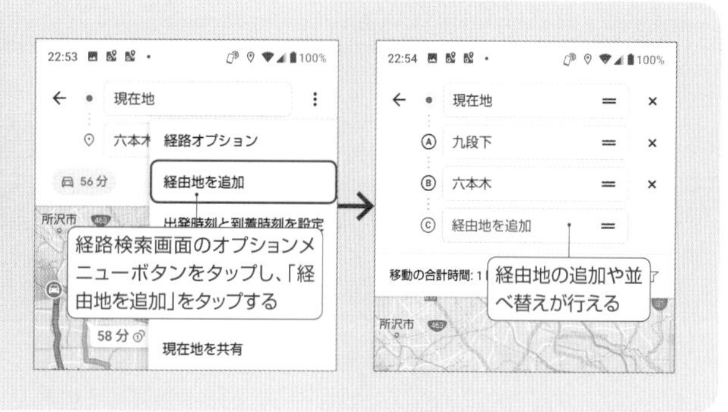

アプリ

067 YouTubeの動画を全画面で再生しよう

YouTubeで世界中の人気動画を楽しむ

Androidスマホには、YouTubeアプリが標準搭載されているので、すぐにYouTubeの動画を楽しむことができる。まずは、観たい動画をキーワード検索してみよう。今よく見られている人気の動画は、「探索」画面の「急上昇」で確認できる。動画の一覧画面から観たい動画を選べば再生がスタート。横向きの全画面で動画を大きく再生させたい場合は、全画面ボタンを押してから端末を横向きにしよう。なお、アカウント画面から「YouTube Premiumに登録」をタップして有料メンバーシップになれば、月額1,180円で広告なしの動画再生が楽しめるようになる。

観たい動画を検索して全画面表示する

1 観たい動画を検索する

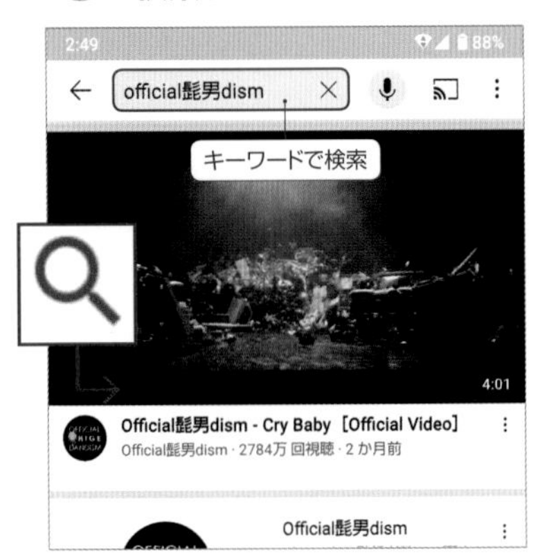

YouTubeアプリを起動したら、画面上部の検索ボタンをタップし、観たい動画をキーワード検索してみよう。検索結果から動画を選んでタップすれば再生できる。

2 再生画面をタップして全画面ボタンをタップ

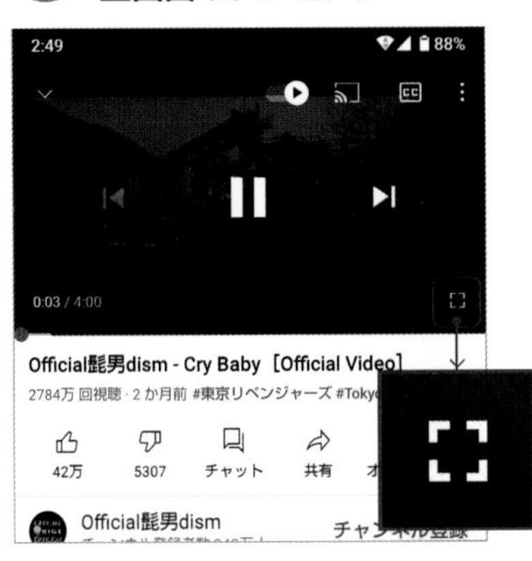

動画が縦画面で再生される。動画部分を1回タップすると、各種インターフェースが表示される。ここから右下のボタンをタップすれば、横向きの全画面で動画が表示される。

3 全画面で動画が再生される

端末を横向きにして動画を楽しもう。もとの縦画面に戻す場合は、右下のボタンをタップすればいい。

こんなときは?

動画を再生リストに登録する

Googleアカウントでログインしていれば、お気に入りの動画や後で観たい動画を再生リストに登録しておける。再生画面で「保存」をタップしよう。再生リストは、「ライブラリ」画面の再生リスト一覧で確認できる。また、「チャンネル登録」をタップすれば、好きな配信者を登録可能。「登録チャンネル」画面で登録した配信者の動画を新しい順に表示できるので、見逃さずにチェックできる。

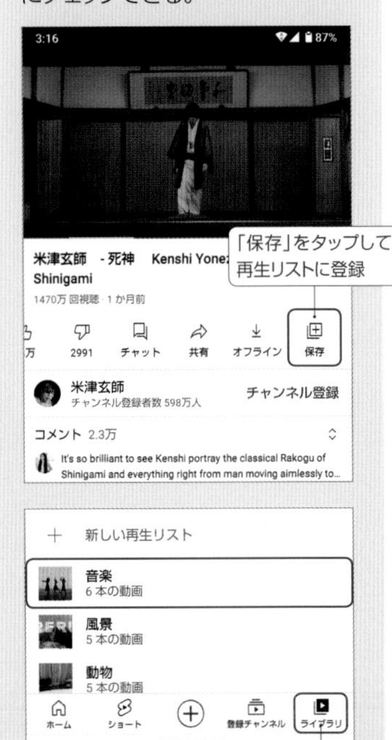

アプリのオプション機能をチェックする方法

しっかり使いこなすために必須の操作法

スマートフォンのアプリを使いこなすには、どんな機能があるかを把握する必要がある。アプリを起動してパッと目に付く機能だけではなく、隠れた機能もチェックしておきたい。多くのアプリには、「オプションメニューボタン」というボタンが用意されており、タップしてオプション機能のメニューを表示できる。このボタンは、画面右上に3つのドットのマークで表示されることが多い。ちょっとした応用的な操作は、ここにまとまっていることが多いのであらかじめ確認しておこう。「この部分の設定を変更できないのかな?」といった場合も、まずはオプションメニューを覗いてみよう。

オプションメニューボタンをタップする

これはChromeのオプションメニュー。ブックマークや履歴、共有、設定などの機能が揃っている。写真やファイルを扱うアプリでは、並べ替えのメニューがここに用意されていることが多い。

サイドメニューもチェック

アプリによってはオプション的な機能がサイドメニューに用意されていることもある。画面左上にある三本線のボタンをタップすると、画面端からメニューが引き出される。

アプリ

068 定番コミュニケーションアプリを使おう LINEをはじめよう

アプリ

日本国内だけでも約8,600万人のユーザーが利用する、定番コミュニケーションアプリ「LINE」。LINEユーザー同士なら、多彩なスタンプを使ってチャット形式でやり取りしたり、ネット回線を利用して無料で音声／ビデオ通話を楽しめる。また、QRコード決済の「LINE Pay」なども利用可能だ。今や、スマートフォンには必携と言えるアプリなので、まずはアカウントの登録方法と、友だちの追加方法を知っておこう。なお、機種変更などで以前のアカウントを使う場合は、新しい機種に移行した時点で、元の機種ではLINEが使えなくなるので要注意。基本的に、LINEは1つのアカウントを1機種でしか使えない。

LINEを起動して電話番号認証を行う

1 LINEを起動してはじめるをタップ

LINE
作者／LINE Corporation
価格／無料

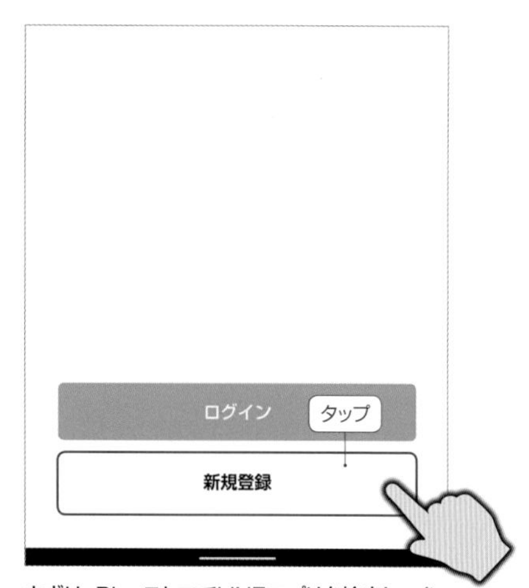

まずは、PlayストアでLINEアプリを検索し、インストールを済ませる。インストールが済んだら、LINEをタップして起動し、「新規登録」をタップしよう。

2 電話番号を確認し矢印をタップ

電話へのアクセス許可が求められるので、「次へ」→「許可」をタップ。すると、この端末の電話番号が入力された状態になるので、右下の矢印ボタンをタップし、「OK」をタップしよう。

3 SMSで届いた認証番号を入力する

「OK」をタップすると、電話番号宛てにSMSで認証番号が届く。この端末の電話番号宛てであれば、SMSを受信した際に自動で認証番号が入力され、アカウントの登録画面に進む。

こんなときは?

ガラケーや固定電話の番号でアカウントを新規登録する

LINEアカウントを新規登録するには、以前はFacebookアカウントでも認証できたが、現在は電話番号での認証が必須となっている。ただ、データ専用のSIMなどで電話番号がなくとも、別途ガラケーや固定電話の番号を用意できれば、その番号で認証して新規登録することが可能だ。

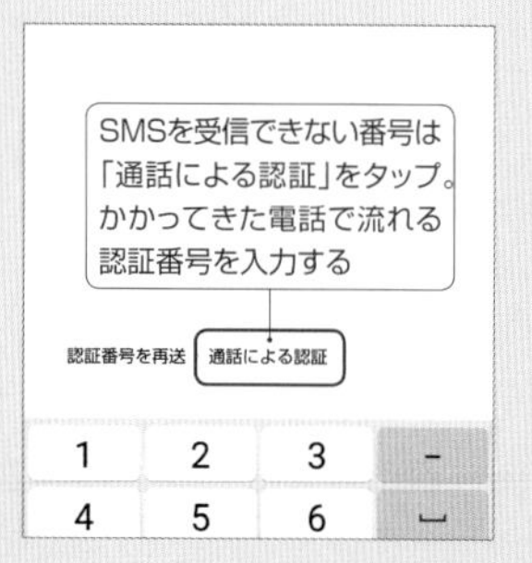

LINEアカウントを新規登録する

1 アカウントを新規登録する

LINEを新しく始めるには、「アカウントを新規登録」をタップしよう。なお、以前のアカウントを引き継ぎたいなら、「アカウントを引き継ぐ」をタップすれば移行できる。

2 プロフィール名やパスワードを登録

LINEで表示する名前を入力し、右下の矢印ボタンをタップ。カメラアイコンをタップすると、プロフィール写真も設定できる。続けてパスワードを設定し、右下の矢印ボタンをタップ。

3 友だち追加設定はオフにしておく

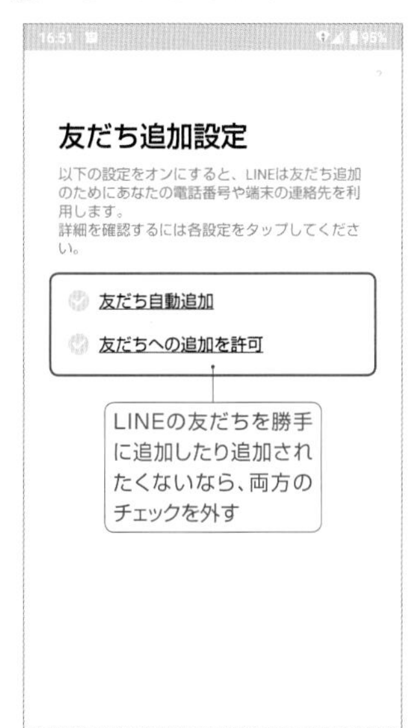

「友だち自動追加」は、自分の電話帳に登録している人がLINEユーザーである時に、自動的に自分の友だちとして追加する機能。「友だちへの追加を許可」は、相手の電話帳に自分の電話番号が登録されている時に、「友だち自動追加」機能や電話番号検索で相手の友だちに追加されることを許可する機能。プライベートと仕事を分けてLINEを使うなら、両方オフにしておこう。

LINEに友だちを追加する

1 友だち追加画面でQRコードをタップ

ホーム画面右上の友だち追加ボタンをタップすると、友だち追加の方法をいくつか選択できる。近くにいる人も遠くにいる人も、「QRコード」を利用して追加するのが手軽だ。

2 近くにいる人を友だちに追加する

近くにいる人と友だちになるには、「QRコード」をタップしてQRコードリーダーを起動し、相手のQRコードを読み取る。または「マイQRコード」をタップして自分のQRコードを表示し、相手に読み取ってもらう。

3 遠くにいる人を友だちに追加する

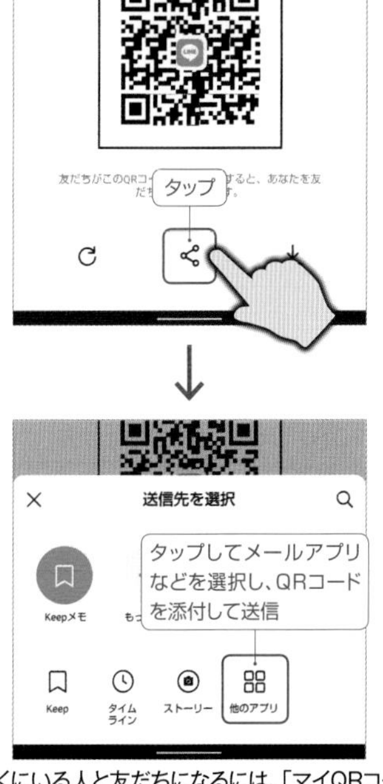

遠くにいる人と友だちになるには、「マイQRコード」を表示して下部の共有ボタンをタップ。「他のアプリ」でメールアプリなどを選択して送信しよう。相手が添付されたQRコードをLINEで読み取ると友だちに追加される。

アプリ

069 スタンプやグループトークの使い方も知っておこう LINEでメッセージをやり取りする

アプリ

LINEのユーザー登録を済ませたら、まずは友だちとのトークを楽しもう。会話形式でメッセージをやり取りしたり、写真や動画を送ったりすることができる。また、LINEのトークに欠かせないのが、トーク用のイラスト「スタンプ」だ。文字のみだと味気ないやり取りになりがちだが、さまざまなスタンプを使うことで、トークルームを楽しく彩ることができる。トークの基本的な使い方と共に、スタンプショップでのスタンプの購入方法や、スタンプの使い方を知っておこう。あわせて、1つのトークルームを使って複数のメンバーでやり取りできる、グループトークの利用方法も紹介する。

友だちとトークをやり取りする

1 友だちを選んで「トーク」をタップ

友だちとメッセージをやり取りしたいなら、まず「ホーム」画面で友だちを選んでタップし、表示される画面で「トーク」をタップしよう。

2 メッセージを入力して送信する

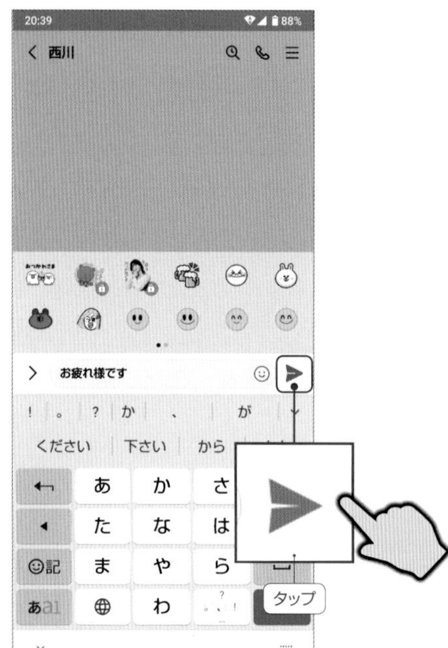

友だちとメッセージをやり取りできるトークルームが表示される。メッセージを入力し、右端のボタンで送信しよう。入力欄左の「>」をタップすると、画像や動画も送信できる。

3 会話形式でやり取りできる

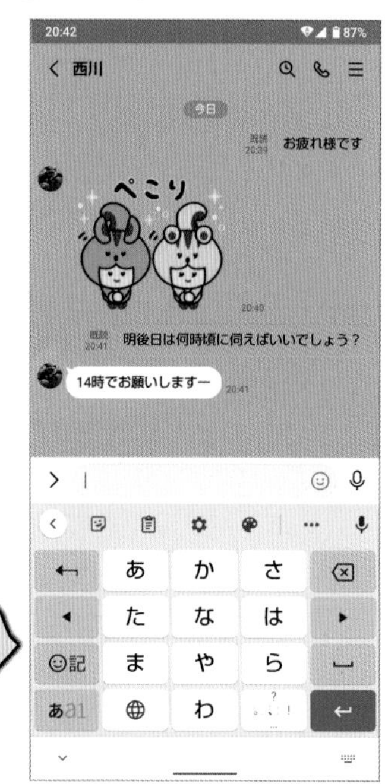

自分が送信したメッセージは緑のフキダシで表示され、友だちがメッセージを読むと、読んだ時間と「既読」が表示される。このやり取りの履歴は、次回トークルームを開いた時にも表示される。

こんなときは?

写真や動画を送信する

LINEでは、写真や動画を送信することも可能だ。入力欄左の「>」をタップし、続けて写真ボタンをタップすると、スマホに保存された写真や動画を選択できる。隣のカメラボタンで、撮影してから送ってもよい。また、写真や動画をタップすると、簡単な編集を加えてから送信することもできる。

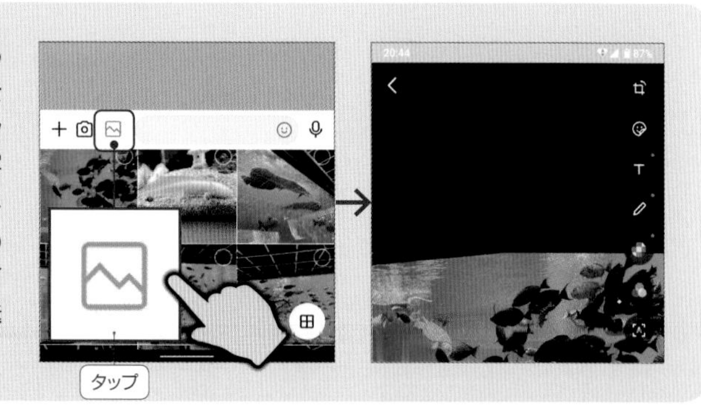

スタンプの買い方、使い方

1 スタンプショップでスタンプを探す

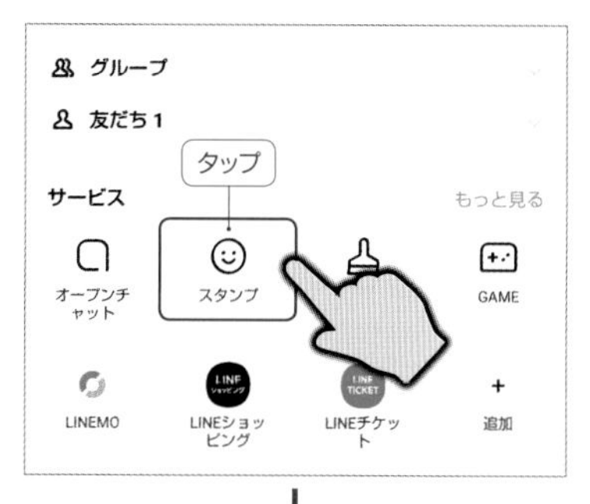

LINEのトークに欠かせない「スタンプ」を入手するには、まず「ホーム」画面の「スタンプ」をタップ。スタンプショップで、使いたいスタンプを探し出そう。

2 有料スタンプはLINEコインが必要

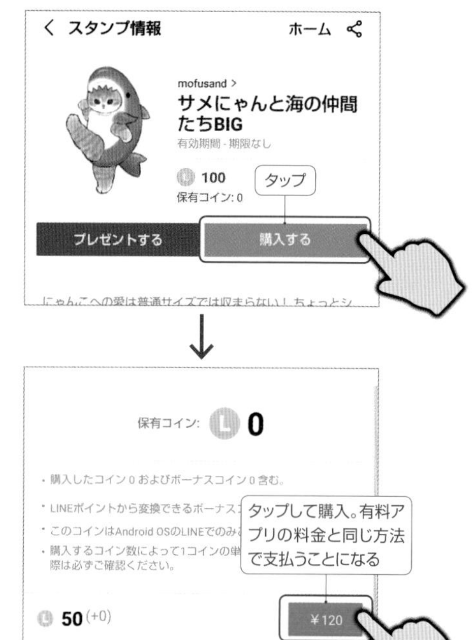

有料スタンプの購入時は、「LINEコイン」のチャージが求められる。必要なコイン数の金額部分をタップすれば、有料アプリを購入するのと同じような手順でLINEコインを購入できる。

3 トーク画面でスタンプを利用する

スタンプのダウンロードが完了したら、トーク画面の入力欄右にある顔文字ボタンをタップ。購入したスタンプが一覧表示されるので、イラストを選択して送信ボタンで送信しよう。

グループを作成して複数メンバーでトークする

1 ホーム画面でグループをタップ

グループを作成するには、まず「ホーム」画面で「グループ作成」をタップし、グループに招待する友だちを選択して「次へ」をタップする。

2 グループ名を付けて作成をタップ

グループ名を付けて右上の「作成」をタップすると、グループを作成できる。プロフィール画像を変更したり、「追加」ボタンで他のメンバーを追加することも可能だ。

3 参加メンバーでグループトーク

招待されたメンバーは、「参加」をタップするとグループトークに参加できる。参加するまでグループトークの内容は閲覧できず、参加前のメンバーのやり取りも読むことはできない。

アプリ

070 友だちと無料で音声通話やビデオ通話が可能 LINEで無料通話を利用する

アプリ

LINEを使えば、無料で友だちと音声通話やビデオ通話をすることが可能だ。電話回線を使う代わりに、インターネット回線を使って通話を行うため、通話料はかからない。また、通話中はデータ通信量を消費するが、音声通話であれば10分で3MB程度しか使わないので、それほど気にする必要はない。ただし、ビデオ通話だと10分で51MBほど消費するので、ビデオ通話するならWi-Fi接続中の方がいいだろう。LINE通話中は、通常の電話と同じようにミュートやスピーカーフォンを利用でき、ホーム画面に戻ったり他のアプリを使っていても通話は継続する。不在着信の履歴などはトーク画面で確認できる。

LINE通話のかけ方と受け方

1 友だちにLINE通話をかける

↓

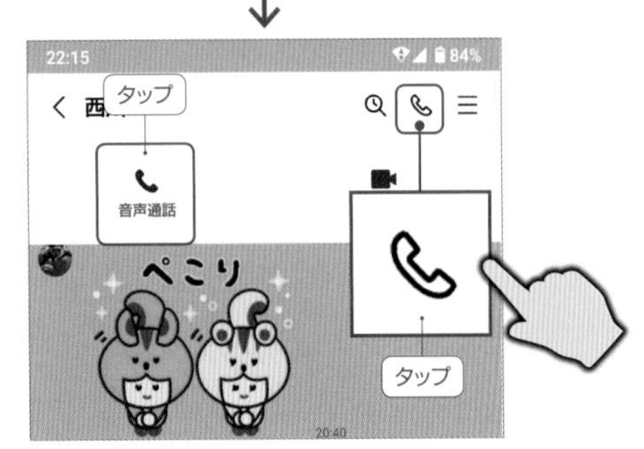

無料通話をかけるには、「ホーム」画面で友だちを選んでタップし、表示される画面で「音声通話」をタップする。または、トーク画面上部の受話器ボタンから「音声通話」をタップ。

2 かかってきたLINE通話を受ける

友だちからLINEの無料通話がかかってきた場合、電話アプリと同じような着信画面が表示される。緑のボタンを右にスワイプして応答、赤のボタンを左にスワイプして応答拒否できる。

3 通話中の画面と操作

通話中の画面に表示されるボタンは、左からマイクのミュート、ビデオ通話への切り替え、スピーカーフォン。下の赤い終了ボタンで通話を終了できる。

こんなときは?

かかってきたビデオ通話に声だけで応答する

LINEのビデオ通話がかかってきた時に、自分の顔は映さずに対応したいなら、着信画面の「カメラをオフ」をタップしておこう。この状態で電話に出ると、ビデオ通話画面で相手の顔は表示されるが、自分側のカメラはオフになっており相手には見えない。

→

スマホ決済は大きく分けて2種類

071 話題のスマホ決済を利用してみよう

アプリ

「スマホ決済」は名前の通り、スマートフォンだけで店に支払いができる電子決済サービスだ。最近はさまざまなサービスが乱立していて分かりづらいが、スマホ決済は大きく分けて、「非接触型決済」と「QRコード決済」の2種類があることを知っておこう。おサイフケータイなどに追加して、タッチしてピッと支払うタイプが「非接触型決済」。店頭でQRコードやバーコードを表示して読み取ってもらうか、または店頭にあるQRコードをスキャンして支払う方式が「QRコード決済」だ。下にそれぞれのスマホ決済の主なサービスをまとめているので、まずは自分が使いたいスマホ決済のタイプを把握しよう。

タッチしてピッと支払う 非接触型決済

端末をタッチするだけで支払えるのが「非接触型決済」だ。Suica、楽天Edy、nanaco、WAON、QUICPay、iDなどがこの方式になる。これらの電子マネーを、「おサイフケータイ」または「Google Pay」アプリに登録して利用する。「Google Pay」の方が、複数の電子マネーを一元管理でき、クレジットカードのタッチ決済にも対応するので、特にタッチ決済が普及する海外で使う場合は便利。ただ電子マネーの種類によっては一部の機能が使えないため、国内では「おサイフケータイ」の方が使いやすい。

おサイフケータイ

Google Pay

Suica

楽天Edy

nanaco

WAON

QUICPay

iD

「○○ペイ」はこのタイプ QRコード決済

店頭でQRコードやバーコードを表示して読み取ってもらうか、または店頭にあるQRコードをスキャンして支払う方式が「QRコード決済」だ。いわゆる「○○ペイ」系のサービスで、PayPay、楽天Pay、LINE Payをはじめ、コンビニや通信キャリアや銀行まで、多くの企業が参入している。利用するには各サービスの公式アプリが必要となるので、まずは使いたいサービスを選んで、アプリのインストールを済ませよう。

IT系

PayPay

楽天Pay

LINE Pay

メルペイ

コンビニ系

ファミペイ

通信系

d払い

au PAY

銀行系

ゆうちょPay

J-Coin Pay

はまPay

アプリ 072

タッチして支払うタイプのスマホ決済

おサイフケータイの設定と使い方

おサイフケータイ
(標準アプリ)

非接触型決済のおサイフケータイを利用するには、まず大前提として、端末が「FeliCa」という近距離無線通信規格に対応している必要がある。ドコモ／au／ソフトバンクの端末ならほぼ対応しているが、格安SIMなどで販売されているSIMフリー端末は、FeliCa非対応の場合が多いので注意しよう。FeliCa対応機種であれば、「おサイフケータイ」アプリも最初からインストールされている。ただ、このアプリはあくまで電子マネーの登録を助けるポータルアプリであり、設定もチャージもすべて、それぞれの電子マネーの公式アプリで操作する必要がある。ここでは、モバイルSuicaを例に使い方を解説する。

おサイフケータイの画面と基本的な使い方

1 おサイフケータイの初期設定を済ませる

おサイフケータイアプリを起動したら、画面の指示に従って「次へ」をタップしていこう。利用にはGoogleアカウントのログインが必要なので、「Googleでログイン」をタップしてログインを済ませる。

2 「おすすめ」から電子マネーを登録

おサイフケータイの画面が表示されたら、「おすすめ」タブを開こう。この画面から、さまざまな電子マネーのサイトにアクセスして、専用アプリで利用登録を行う。会員証やポイント、クーポンなども登録しておける。

おサイフケータイにモバイルSuicaを追加する

1 モバイルSuicaをタップ

スマホ決済でモバイルSuicaを使えるようにするには、まず、おサイフケータイアプリで「おすすめ」タブを開き、「乗り物」欄にある「モバイルSuica」をタップしよう。

2 モバイルSuicaのサイトにアクセス

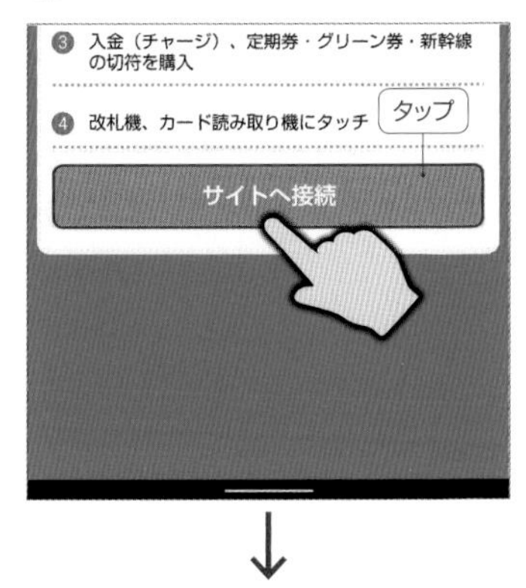

モバイルSuicaの利用手順が表示される。「サイトへ接続」をタップしてモバイルSuicaの公式ページにアクセスし、「モバイルSuica」→「Google Playで手に入れよう」をタップ。

3 モバイルSuicaをインストール

「インストール」をタップしてモバイルSuicaをインストール。なお、おサイフケータイから開かなくても、PlayストアでモバイルSuicaを検索して直接インストールしても良い。

4 新規会員登録を済ませる

インストールしたモバイルSuicaアプリを起動したら、「新規会員登録」をタップし、モバイルSuicaのユーザー登録を済ませよう。初回の登録時は、手持ちのSuica定期券カードをモバイルSuicaに切り替えることもできる。

5 機種変更でデータを移行する場合

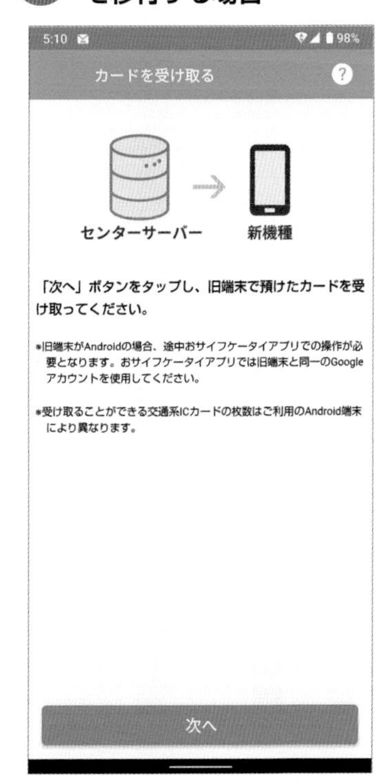

機種変更時は、旧機種側のおサイフケータイでモバイルSuicaの「カード預ける（機種変更）」をタップしておく。続けて新機種のモバイルSuicaアプリで「すでに会員の方はこちら」をタップし、預けたSuicaを受け取る。

6 Suica残高をチャージしておく

会員登録を済ませたら、「入金（チャージ）」をタップしてSuica残高をチャージしておこう。あとは、店で「Suicaで」と支払い方法を伝えて、リーダーにスマホをかざすだけで支払いが完了する。アプリの起動も不要だ。

アプリ

073 QRコードを読み取るタイプのスマホ決済
QRコード決済の使い方

アプリ

QRコード型のスマホ決済を利用するには、各サービスの公式アプリをインストールすればよい。非接触型決済と比べると、QRコードを提示したり読み取ったりといった手間がかかるし、サービスが乱立しすぎていてどれを選べばいいのか分からないといった問題はあるが、「FeliCa」非対応の端末でも使えるので、格安スマホなどで手軽に電子決済ができるのがメリット。また、各サービスの競争が激しくお得なキャンペーンが頻繁に行われており、店側に専用端末が必要ないので比較的小さな個人商店でも使える。ここでは、QRコード決済の代表例として、「PayPay」の登録方法と使い方を解説する。

PayPayの初期設定を行う

1 電話番号などで新規登録

PayPay
作者／PayPay Corporation
価格／無料

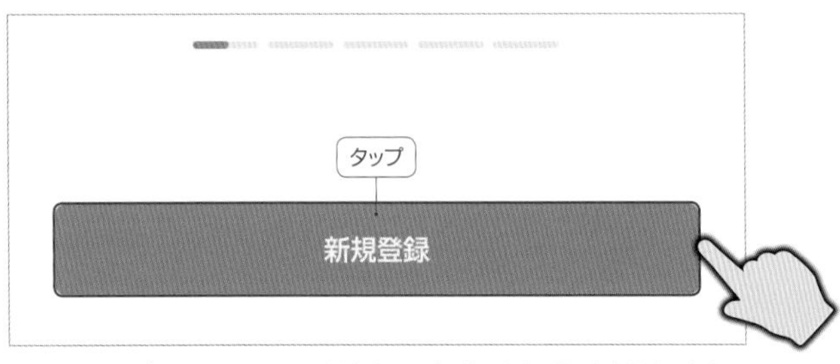

PayPayアプリのインストールを済ませて起動したら、電話番号か、またはYahoo! JAPAN IDやソフトバンク·ワイモバイルのIDで新規登録しよう。

2 SMSで認証を済ませる

← SMS認証

SMSで届いた認証コードを入力してください

こちらの番号に送信しました 090-0000-0000

AE -

認証コードに記載の2文字のアルファベットを確認の上、4桁の数字を入力してください

電話番号で新規登録した場合は、SMSで認証コードが届くので、入力して「認証する」をタップしよう。

→

PayPayにチャージして支払いを行う

1 「チャージ」をタップする

PayPayを使ってスマホ決済するには、まずPayPayに残高をチャージしておく必要がある。メイン画面のバーコード下にある、「チャージ」ボタンをタップしよう。

2 チャージ方法を追加してチャージ

「チャージ方法を追加してください」をタップし、銀行口座などを追加したら、金額を入力して「チャージする」をタップ。セブン銀行やローソン銀行ATMで現金チャージも可能だ。

3 店側にバーコードを読み取ってもらう

PayPayの支払い方法は2パターン。店側に読み取り端末がある場合は、ホーム画面のバーコード、または「支払う」をタップして表示されるバーコードを、店員に読み取ってもらおう。

4 店のバーコードをスキャンして支払う

店側に端末がなくQRコードが表示されている場合は、「スキャン」をタップしてQRコードを読み取り、金額を入力。店員に金額を確認してもらい、「支払う」をタップすればよい。

5 PayPayの支払い履歴を確認する

「残高」をタップすると、PayPayの利用明細が一覧表示される。タップすると、その支払の詳細を確認できる。還元されるポイントもこの画面で確認可能だ。

6 個人送金や割り勘機能を使う

PayPayは他にもさまざまな機能を備えている。「送る・受け取る」ボタンで友だちとPayPay残高の個人送金ができるほか、「わりかん」でPayPayユーザー同士の割り勘も可能だ。

アプリ

074

140文字のメッセージで世界中とゆるくつながる

Twitterで友人の日常や世界のニュースをチェック

アプリ

Twitterとは、一度に140文字以内の短い文章(「ツイート」または「つぶやき」と言う)を投稿でき、他のユーザーが読んだり返信することで、友人や世界中の人とつながるソーシャル・ネットワーキング・サービスだ。Twitterアプリを起動すると、自分のホーム画面には、自分が投稿したツイートや、フォローしたユーザーのツイートなどが表示される。基本的に誰でもフォローできるので、好きな著名人の近況をチェックしたり、ニュースサイトの最新ニュースを読めるほか、今みんなが何を話題にしているかリアルタイムで分かる即時性の高さも魅力だ。気になるツイートを自分のフォロワーに紹介することもできる。

Twitterアカウントを作成する

1 新しいアカウントを作成する

Twitter
作者/Twitter, Inc.
価格/無料

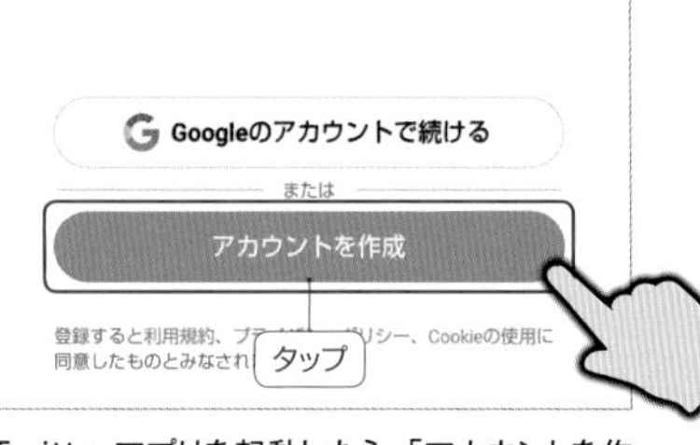

Twitterアプリを起動したら、「アカウントを作成」をタップする。すでにTwitterアカウントを持っているなら、下の方にある「ログイン」をタップしてログインしよう。

2 電話番号かメールアドレスを入力

名前と電話番号でアカウントを作成。名前は公開されるので気をつけよう。本名の必要はないし、いつでも変更可能だ。電話番号を使いたくなければ、「かわりにメールアドレスを登録する」をタップし、メールアドレスを入力しよう。

3 認証コードを入力する

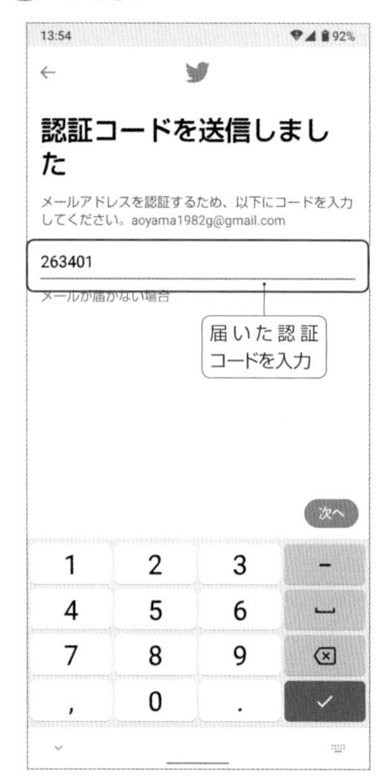

登録した電話番号宛てのSMSや、メールアドレス宛てに届いた、認証コードを入力して「次へ」。あとは、パスワードやプロフィール画像などを設定していけば、アカウント作成は完了。

こんなときは?

好きなユーザー名に変更するには

Twitterアカウントを作成すると、自分で入力したアカウント名の他に、「@abcdefg」といったランダムな英数字のユーザー名が割り当てられる。このユーザー名は、Twitterメニューの「設定とプライバシー」→「アカウント」→「ユーザー名」で、好きなものに変更可能だ。

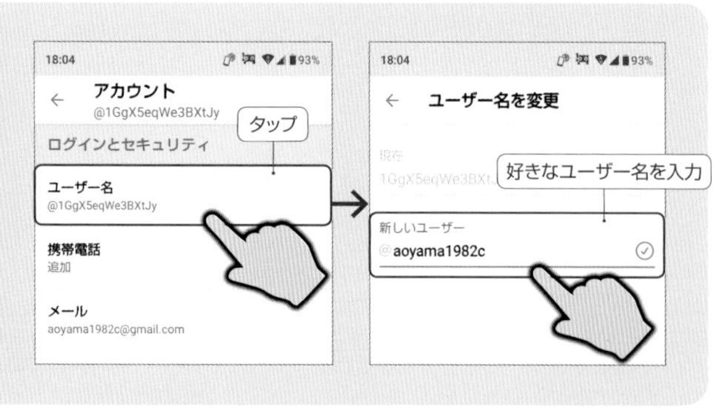

Twitterの基本的な使い方

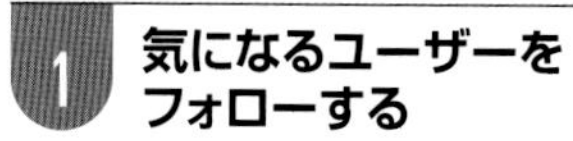

1 気になるユーザーをフォローする

好きなユーザーのツイートを自分のホーム画面（タイムライン）に表示したいなら、ユーザーのプロフィールページを開いて、「フォローする」をタップしておこう。

2 ツイートを投稿する

画面右下の「＋」→「ツイート」ボタンをタップすると、ツイートの作成画面になる。140文字以内でテキストを入力して、「ツイートする」をタップで投稿しよう。画像などの添付も可能だ。

3 気に入ったツイートをリツイートする

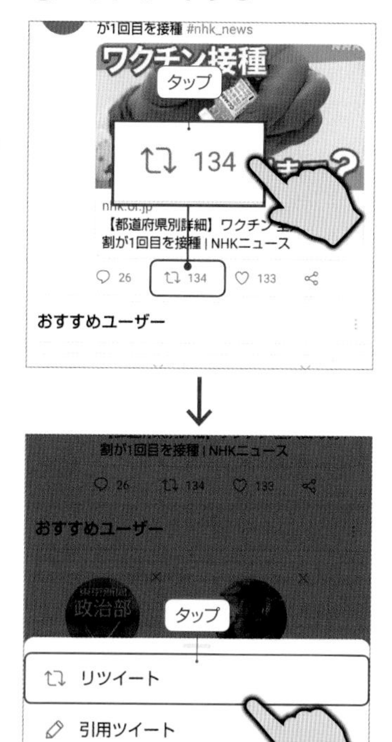

気になるツイートを、自分のフォロワーにも読んでほしい時は、「リツイート」で再投稿しよう。ツイートの下部にある矢印ボタンをタップし、「リツイート」をタップすればよい。

4 コメントを追記して引用リツイートする

リツイートボタンをタップして「引用ツイート」をタップすると、このツイートに自分でコメントを追記した状態で、引用リツイートを投稿できる。

5 ツイートに返信（リプライ）する

ツイートの下部にある吹き出しボタンをタップすると、このツイートに対して返信（リプライ）を送ることができる。返信ツイートは、自分のフォロワーからも見られる。

6 気に入ったツイートを「いいね」する

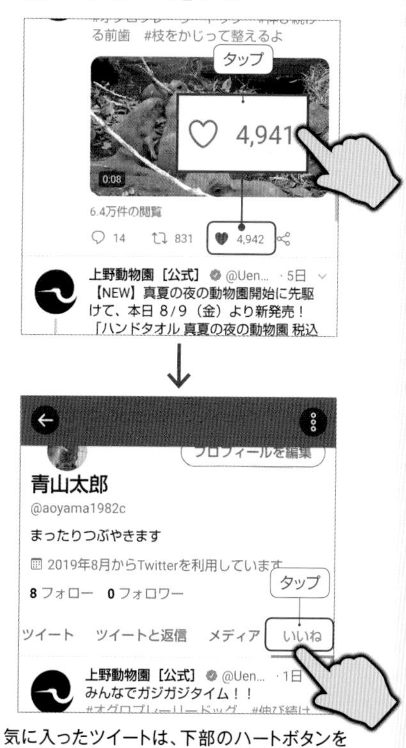

気に入ったツイートは、下部のハートボタンをタップして「いいね」しておこう。自分のプロフィールページの「いいね」タブで、いいねしたツイートを一覧表示できる。

アプリ

075 "インスタ映え"する写真や動画を楽しむ 有名人と写真でつながるInstagramをはじめよう

アプリ

Instagramは、写真や動画を見る･投稿することに特化したソーシャル･ネットワーキング･サービスだ。Instagramに投稿するのに見栄えがする風景や食べ物を指す、「インスタ映え」という言葉が流行語にもなったように、テキスト主体のTwitterやFacebookと違って、ビジュアル重視の投稿を楽しむのが目的のサービスとなる。また、多数の芸能人やセレブが利用しており、普段は見られない舞台裏の姿などを楽しめるのも魅力だ。自分が写真や動画を投稿する際は、フィルター機能などを使って手軽に編集できるので、インスタ映えする作品にうまく仕上げて投稿してみよう。

Instagramアカウントを作成する

1 新しいアカウントを作成する

Instagram
作者／Instagram
価格／無料

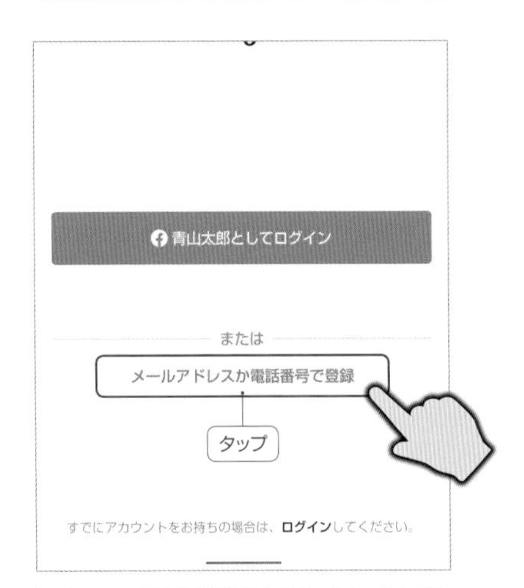

Instagramアプリを起動したら、「メールアドレスか電話番号で登録」をタップしよう。Facebookアカウントでログインして登録することもできる。

2 電話番号かメールアドレスを入力

電話番号またはメールアドレス、どちらでアカウントを登録するか、タブで切り替えできる。入力したら「次へ」をタップし、認証を済ませて名前とパスワード、誕生日を入力しよう。

3 ユーザーネームを確認する

割り当てられたユーザーネームは、「ユーザーネームを変更」で好きなものに変更できる。あとは、友だちをフォローしたり、プロフィール画像を設定すれば、アカウント作成は完了。

設定ポイント!

好きなユーザーネームに変更する

Instagramの検索や識別に使われるユーザーネームは、あとからでも簡単に変更できる。自分のプロフィール画面を開いて、「プロフィールを編集」をタップし、「ユーザーネーム」欄を書き換えよう。すでに他のユーザーに使われているユーザーネームは使用できないので注意。

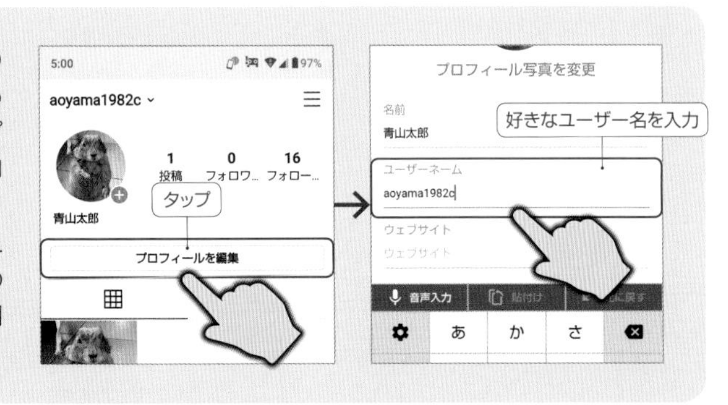

Instagramで気になるユーザーをフォローする

1 フォローしたい人を探し出す

まずは、さまざまな人や企業をフォローしておこう。下部メニューの虫眼鏡ボタンをタップすると、キーワード検索やランダム表示された写真から、フォローしたい相手を探せる。

2 気になるユーザーをフォローする

気になるユーザーのプロフィールページを開いて、「フォローする」をタップすると、このユーザーが投稿した写真や動画が、自分のタイムラインに表示されるようになる。

3 写真や動画にリアクションする

タイムラインに表示される写真や動画には、下部に用意されたボタンで、「いいね」したり、コメントを書き込んだり、お気に入り保存しておくことができる。

Instagramに写真や動画を投稿する

1 投稿したい写真や動画を選択・撮影

自分で写真や動画を投稿するには、上部の「+」ボタンをタップし、ギャラリーから写真や動画を選択しよう。カメラボタンをタップすると、写真や動画を撮影して投稿できる。

2 フィルターなどで写真・動画を加工

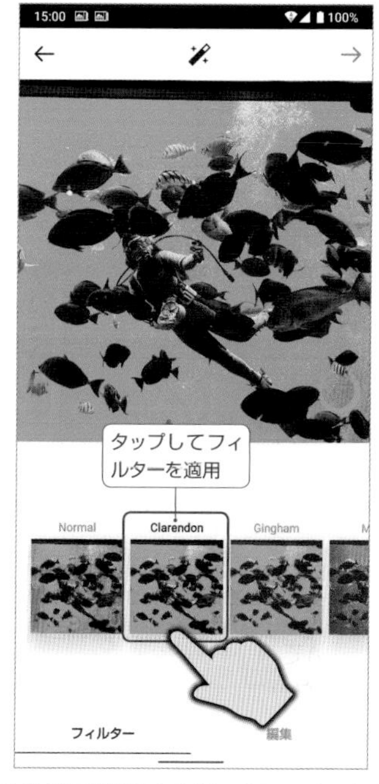

写真や動画を投稿する前に、「フィルター」でさまざまなフィルターを適用したり、「編集」で傾きや明るさを調整することができる。加工を終えたら矢印ボタンをタップ。

3 編集した写真や動画を投稿する

写真や動画にキャプションを付けて、タグを付けたり、他のSNSとの連携を済ませたら、右上のチェックボタンをタップ。作品がタイムラインにアップロードされる。

アプリ
076 目的の駅までの最適なルートがわかる 電車移動に必須の乗換案内アプリ

アプリ

電車やバス移動が多い人は、定番の乗換案内アプリ「Yahoo!乗換案内」を導入しておこう。出発地点と到着地点を設定して検索すれば、電車やバスなどを使った最適な経路を表示してくれる。到着時間や運賃はもちろん、発着駅のホームや乗り換えに最適な乗車位置などもチェック可能だ。目的の駅に到着した際にバイブで通知したり、ルートの詳細画面をスクリーンショットして他人に送信したりなど、便利な機能が満載（一部の機能はYahoo! JAPAN IDでのサインインが必須）。標準のマップアプリでも乗換案内は可能だが、情報の信頼性ではこのアプリの方が上だ。ぜひ使いこなしてみよう。

Yahoo!乗換案内で経路検索を行う

1 出発と到着地点を設定して検索する

Yahoo! 乗換案内
作者／Yahoo Japan Corp.
価格／無料

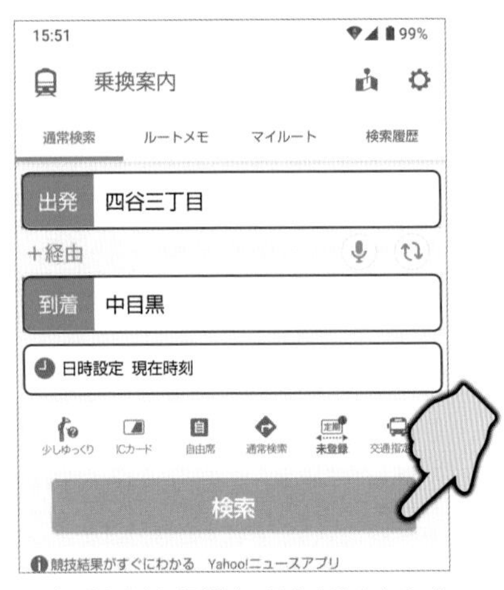

まずは「出発」と「到着」の地点を設定する。地点の指定は、駅名だけでなく住所やスポット名でもOKだ。「日時設定」も必要であれば設定しよう。「検索」ボタンで経路検索を実行する。

2 目的地までのルート候補が表示される

最適なルートの候補が表示される。「時間順」や「回数順」、「料金順」で並べ替えつつ、最適なルートを選ぼう。「1本前／1本後」ボタンでは、1つ前／後の電車でのルート検索に切り替わる。

3 ルートの詳細を確認しよう

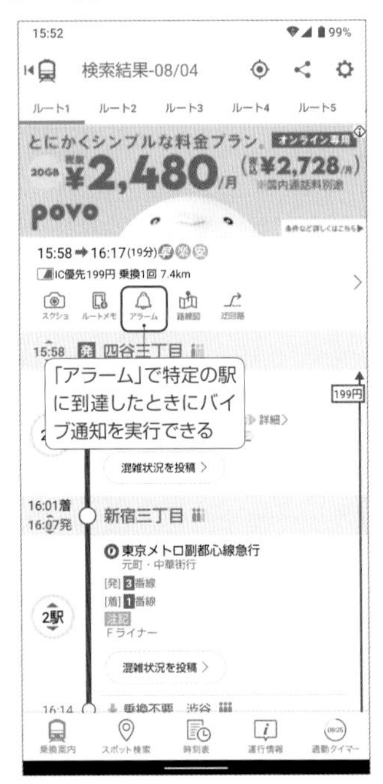

検索結果のルート候補をタップすると、詳細が表示される。乗り換えの駅や発着ホームなどもチェックできるので便利だ。「アラーム」で到着時にバイブで通知させることもできる。

操作のヒント

検索結果を画像にして家族や友人に送る

乗換案内の経路検索結果を家族や友人に送信したいときは、スクショ機能を使うと便利だ。まずは検索結果の詳細画面を表示して、画面上部の「スクショ」ボタンをタップ。すると、検索結果が画像として保存される。共有方法として「LINE」または「その他のアプリ」を選択し、画像を送信しよう。

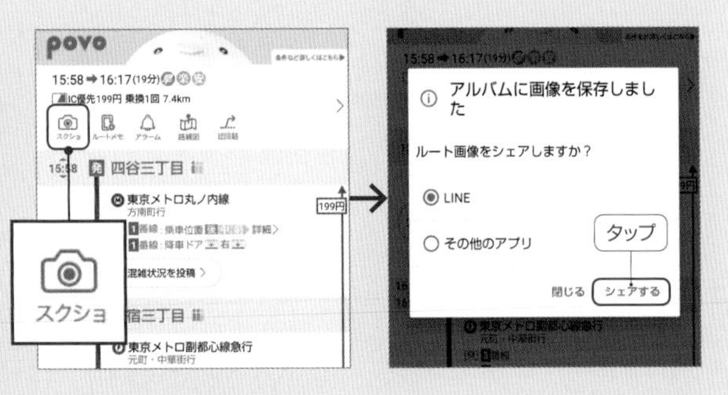

アプリ 077

天候の急変も通知でチェックできる

最新の天気予報をスマートフォンでチェック

アプリ

Yahoo!天気
作者／Yahoo Japan Corp.
価格／無料

「Yahoo!天気」は、定番の天気予報アプリだ。アプリを起動すれば、現在地の天気予報がすぐに表示される。下部のメニュー画面から「地点を追加」で地点を登録しておけば、好きな地点の天気予報もチェック可能だ。他にも、ゲリラ豪雨回避に必須の雨雲レーダーや、防災情報の通知といった便利な機能を多数備えている。

1 天気予報を確認する

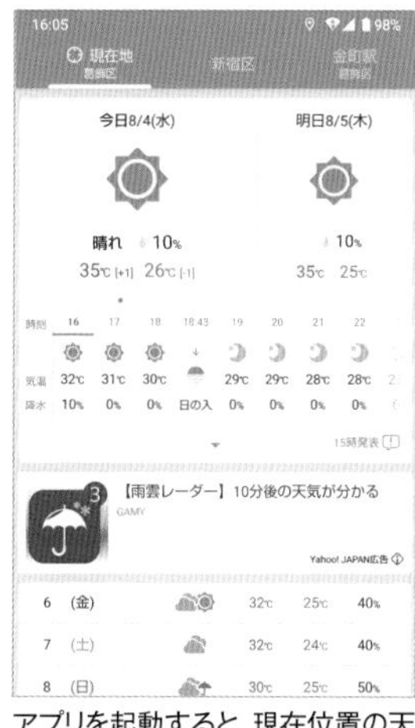

アプリを起動すると、現在位置の天気予報が表示される。検索で別の地点を調べることも可能だ。

2 雨雲レーダーをチェックする

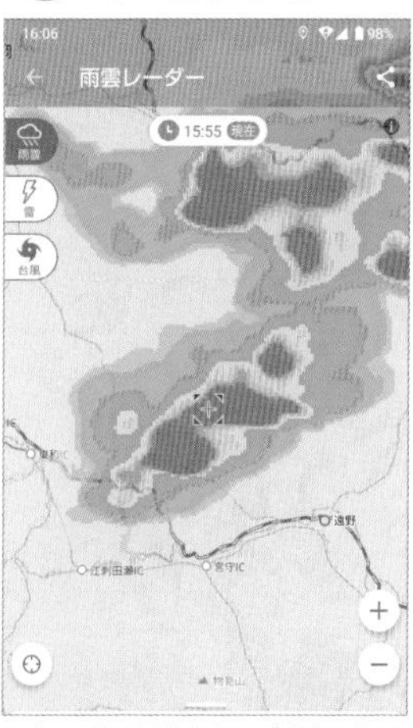

下部の「雨雲」をタップすれば、雨雲レーダーがチェック可能。どの地点に雨が降っているかがわかる。

3 現在地以外の天気を確認するには

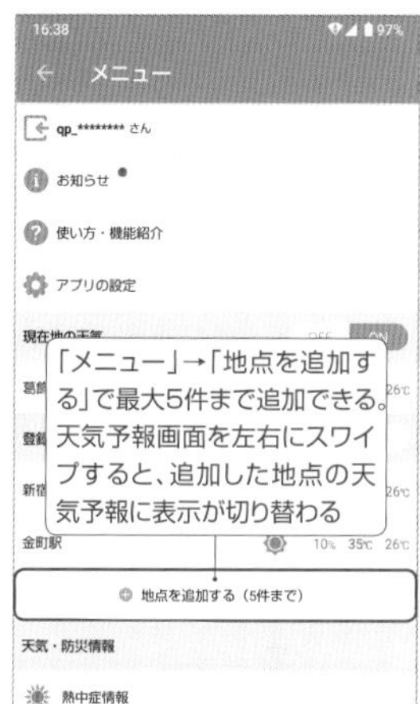

旅行先など現在地以外の天気を確認するには、下部の「メニュー」から地点を追加しておけばよい。

アプリ 078

政治からエンタメまで最新情報が満載！

あらゆるジャンルの最新ニュースをチェック

アプリ

Yahoo!ニュース
作者／Yahoo Japan Corp.
価格／無料

「Yahoo!ニュース」は、国内外のニュース記事が読めるアプリだ。記事は「主要」や「経済」、「エンタメ」などカテゴリごとにタブで分かれているので、まずは読みたいタブを選択。あとは記事タイトルをタップすれば内容が表示される。ユーザーによるコメント投稿機能もあり、記事が多くの人にどう受け止められているかもわかる。

1 ニュースのカテゴリを選ぶ

アプリを起動したら、画面最上部のタブでニュースのカテゴリを選び、読みたい記事をタップしよう。

2 ニュース記事をチェックする

ニュース記事が表示される。記事によっては画面最下部でユーザーのコメントもチェックできる。

操作のヒント

タブは並べ替えと選択が可能

画面右上のボタンをタップすると、最上部に表示されているタブの並べ替えと選択が可能だ。使いやすいように設定しよう。

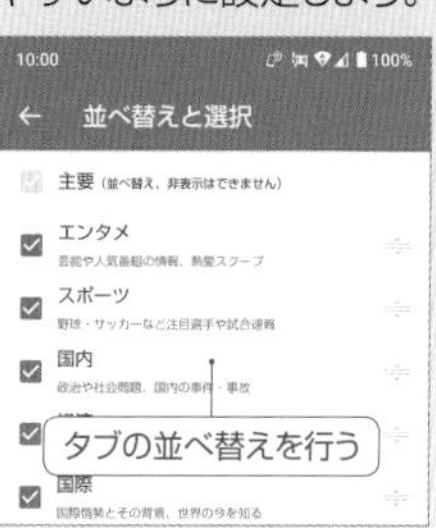

アプリ

079

無料で5,000万曲以上が聴き放題

聴き放題の定額制音楽サービスを利用する

アプリ

熱心な音楽ファンなら、大量の音楽が聴き放題になる音楽配信サービスを利用してみよう。おすすめは、無料で5,000万曲以上が聴き放題になる「Spotify」だ。無料でも楽曲をフル再生でき、ホーム画面に戻ったりスリープ中でも曲を聴けるバックグラウンド再生に対応する。ただし、無料プランはシャッフル再生でしか聴けない制限がある。好きなアルバムまでは選択できるが、アルバム内の曲を個別に選択できず、ランダムな順番で再生されるのだ。また数曲再生するごとに広告が流れ、好みでない曲をスキップするのも1時間に6回まで。これらの制限をなくしたいなら有料プランに加入しよう。

Spotifyで配信されているさまざまな曲を聴く

1 アーティストやアルバムを検索

Spotify
作者／Spotify Ltd.
価格／無料

まずは下部メニューの「検索」画面を開き、アーティスト名やアルバム名でキーワード検索しよう。関連するプレイリストなどもヒットする。

2 シャッフル再生をタップして再生

無料プランではアルバムの選択まではできるが、曲を個別に選択できない。再生ボタンをタップすると、アルバム内の曲がランダムで再生される。バックグラウンド再生も可能。

3 再生中の画面と操作

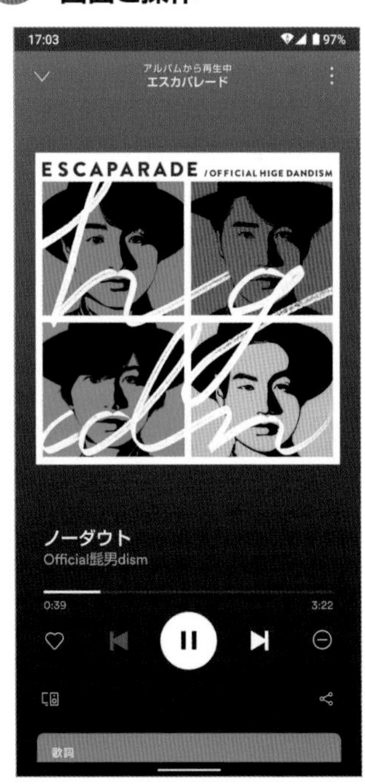

下部のプレイヤー部をタップすると再生画面が表示される。画面を上にスワイプすると歌詞が表示される。スキップボタンで曲をスキップできるが1時間に6回まで。また曲間に広告が流れる。

こんなときは?

有料プランなら制限無しで楽しめる

有料プランに加入すれば、無料プランの制限はすべてなくなる。好きな曲を選んで再生でき、曲のスキップも可能。広告も流れず、ダウンロード保存してオフライン再生も可能だ。また有料プランも4つのプランが用意されているので、自分に合った一番お得なプランを選択できる。

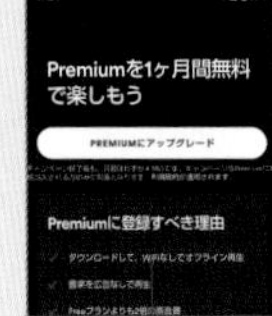

下部メニューの「Premium」から、有料のプレミアムプランに加入できる。どのプランも3ヶ月間は無料で利用できる

Spotifyの有料プラン

Standard（月額980円）	標準の有料プランで、1つのアカウントで利用できる。
Student（月額480円）	認定されている大学の学生向けのプランで、1つのアカウントで利用できる。
Duo（月額1,280円）	カップル向けのプランで、2つのアカウントまで利用できる。
Family（月額1,580円）	家族向けのプランで、最大6つのアカウントまで利用できる。

アプリ

080 人気の海外ドラマやオリジナル作品も充実 スマートフォンで見放題のドラマや映画を楽しむ

 アプリ

Netflix
作者／Netflix, Inc.
価格／無料

「Netflix」は、国内外のTVドラマや映画、アニメなどが見放題の定額制の動画配信アプリだ。「ウォーキング・デッド」など、大人気の海外TVドラマシリーズが充実している点が魅力だが、最近ではNetflixオリジナルの作品も続々と出揃ってきている。動画のダウンロード機能も搭載しており、オフライン再生も可能だ。

1 観たい動画を探して視聴する

アプリを開いたら、観たい動画を探して再生しよう。上部の虫眼鏡ボタンでキーワード検索もできる。

2 ダウンロード保存も可能だ

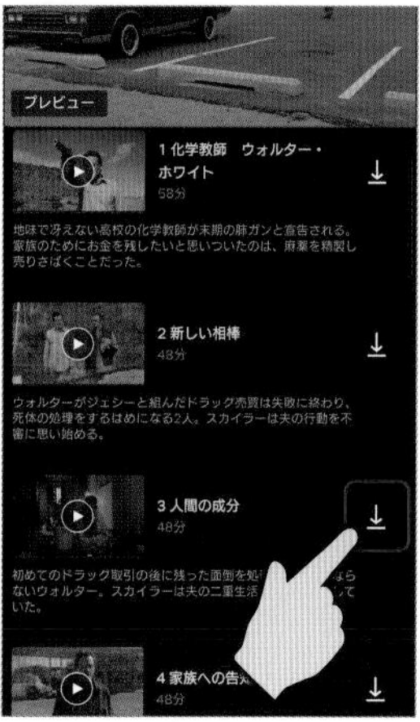

ダウンロードボタンを押すと、動画を端末内に保存できる。これでオフライン再生が可能だ。

操作のヒント

視聴プランを選ぶ

Netflixには、下の表のように3つの有料プランがある。ベーシックはSD画質で1台、スタンダードはHD画質で2台、プレミアムは最大4K画質で4台まで同時視聴可能だ。

プラン	月額(税込)
ベーシック	900円
スタンダード	1,490円
プレミアム	1,980円

アプリ

081 野球やサッカーの試合をライブ中継 スポーツの生中継もスマートフォンで観戦

 アプリ

DAZN
作者／DAZN
価格／無料

「DAZN」は、月額1,925円(税込)で、人気スポーツの試合が見放題になるアプリだ。国内外のサッカー、野球、ゴルフ、テニスなど多種多様なスポーツを網羅しており、ライブ中継や見逃し配信など、好きな方法で視聴できる。初回の1ヶ月は無料で体験できるので、スポーツ好きの人はぜひ試してみよう。

月額料金は安くないが、スポーツ観戦目的でWOWOWやスカパーに入るよりは断然オトク。

アプリ

082 アプリでラジオを聴取しよう 聴き逃した番組も後から楽しめる定番ラジオアプリ

 アプリ

radiko
作者／株式会社radiko
価格／無料

「radiko」は、インターネット経由でラジオを聴取できるアプリだ。フリー会員の場合は、現在地のエリアで配信されている番組を聴ける。月額385円(税込)のプレミアム会員に登録すれば、全国のラジオを聴くことも可能だ。聴き逃した番組も、1週間以内ならタイムフリー機能でいつでも聴くことができるので便利。

デジタルデータで配信されるので、ラジオで受信した際のノイズもなく、音声がクリアなのも特徴だ。

アプリ

083 欲しい物はスマホですぐに購入しよう Amazonで買い物をする

アプリ

Amazonで買い物をしたいのであれば、公式のアプリを導入しておこう。アプリから商品を探して、その場ですぐ購入することができる。ただし、利用にはAmazonアカウントが必要になるので、持っていない人はあらかじめ登録しておくこと。なお、年額4,900円(税込)のAmazonプライム会員に別途加入しておくと、合計2,000円未満の購入で発生する送料や、最短翌日配送のお急ぎ便、配送日時の指定といった配送オプションが無料になる。さらに、「Prime Video」「Prime Music」「Amazon Photos」「Prime Reading」など、Amazonが提供するさまざまなサービスも追加料金なしで利用可能だ。

Amazonアプリで商品を探して購入する

1 Amazonアプリで商品を検索する

Amazonの公式アプリを起動したら、Amazonアカウントでサインインしておく。あとは、欲しい商品をキーワード検索などで探し出そう。気になる商品をタップすれば詳細が確認できる。

2 商品をカートに入れて決済する

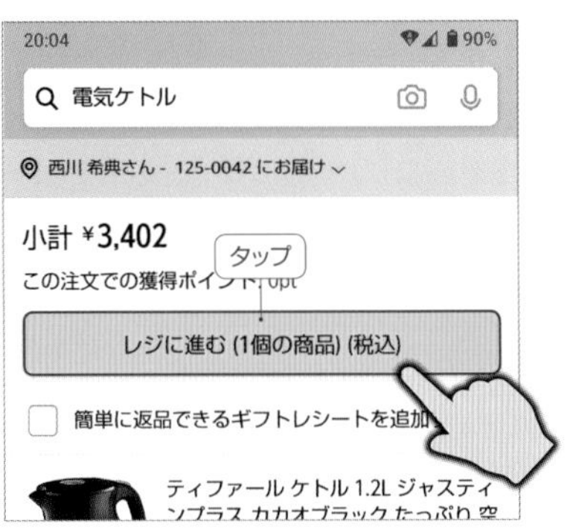

欲しい商品が決まったら、「カートに入れる」をタップ。下部のカートボタンを押して、「レジに進む」で購入手続きに入ろう。届け先住所や支払い方法を確認して注文を確定する。

3 信頼できる商品の探し方

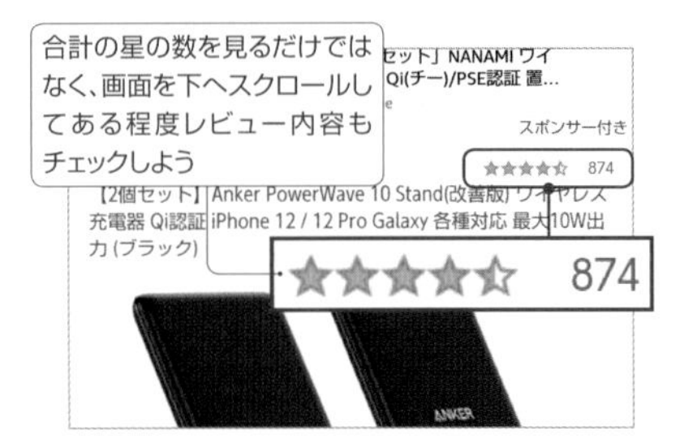

Amazonでは、残念ながら悪質な業者の出品も存在する。低品質な商品や対応の悪い業者を選ばないための目安として、「出荷元」と「販売元」をチェックしよう。どちらも「Amazon」が最も安心感があるが、最低限「出荷元」がAmazonのものがリスクが低い。またレビューも星の数だけで判断せず、レビューのユーザー名をタップしてそのユーザーの他の投稿を確認し、信憑性を判断しよう。

こんなときは?

Amazonプライムに加入するメリット

Amazonプライムは、年額4,900円(または月額500円)で、Amazonのさまざまなサービスや特典を利用できるようになるプランだ。たとえば、無料会員だと2,000円未満の購入で送料がかかり、お急ぎ便の利用や配送日時の指定には1回あたり510円〜550円が必要となるが、Amazonプライム会員ならこれらがすべて無料なので、月1回お急ぎ便などを使うだけで元が取れる。しかも、映画やTV番組が見放題になる「Prime Video」や、200万曲以上を広告無しで聴き放題になる「Prime Music」、写真を容量無制限でクラウド保存できる「Amazon Photos」、1,000冊程度が読み放題になる「Prime Reading」など、さまざまなサービスも利用できる。またプライム会員なら、数量限定タイムセールに30分早く参加できる点もメリットだ。これらのサービスを使うためだけでも加入して損はない。

アプリ

084 Amazonで電子書籍を購入して読む スマートフォンで電子書籍を楽しむ

アプリ

電子書籍をスマホで読みたいのであれば、Amazonの電子書籍アプリ「Kindle」をインストールしておこう。Amazonが扱っている豊富なラインナップから、読みたい電子書籍をすぐ購入でき、そのままダウンロードして閲覧可能だ。漫画、ビジネス書、実用書、雑誌など、幅広いジャンルの本を楽しむことができる。なお、本好きの人は、月額980円で200万冊以上が読み放題となる「Kindle Unlimited」に加入しておくといい。月に2冊以上本を買う人であれば、すぐ元が取れるのでオトクだ。また、Amazonのプライム会員であれば、常に1,000冊前後の本が読み放題となる「Prime Reading」が利用できる。

Kindleで電子書籍を読んでみよう

1 Kindleのストア画面で読みたい本を探す

Kindle
作者／Amazon Mobile LLC
価格／無料

Kindleアプリを起動して、まずはAmazonアカウントでサインインしておこう。次に、画面下の「ストア」を開き、キーワード検索などを使って読みたい本を探し出す。

2 読みたい本を購入する

購入したい本を見つけたら、詳細画面から購入ボタンをタップして購入手続きを行おう。Kindle UnlimitedやPrime Readingなどの読み放題に対応している場合は、無料ですぐ読める。

3 ライブラリ画面で本を読む

本を購入したら、「ライブラリ」画面を表示。現在購入している本の表示画像が表示されるので、読みたいものをタップ。ダウンロードが開始され、すぐに読み始めることができる。

こんなときは?

読み放題サービス Kindle UnlimitedとPrime Readingの違い

Kindleには、読み放題サービスが2種類ある。月額980円で200万冊以上が読み放題になるのが「Kindle Unlimited」。プライム会員なら追加料金なしで使えるのが「Prime Reading」だ。Prime Readingは、対象タイトルの入れ替えが頻繁に行われ、常時1,000冊前後が読み放題となる。

	Kindle Unlimited	Prime Reading
月額料金(税込)	980円	500円
年間料金(税込)	―	4,900円
読み放題冊数	200万冊以上	1,000冊前後
補足	毎月たくさん本を読む人にオススメ	プライム会員なら追加料金無しで使える

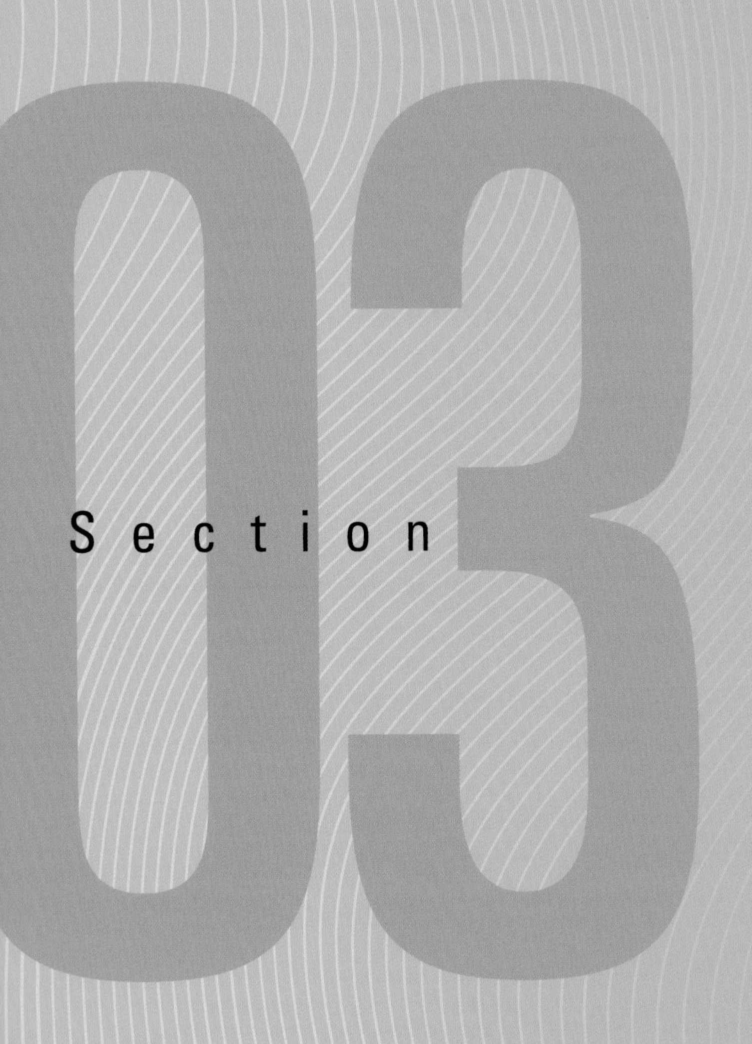

もっと役立つ便利な操作

ここではスマートフォンをもっと快適に使うために覚えておきたい便利な操作や、トラブルに見舞われた際の対処法を解説する。なくしてしまったスマートフォンを探し出す方法なども紹介。

便利

085

スクリーンショットを撮影してみよう

画面をそのまま写真として保存する

本体操作

スマートフォンには、現在表示している画面を画像として保存できる「スクリーンショット」機能が搭載されている。Webサイトやゲームの画面を画像として保存して友達へ送信したり、メモアプリで書いた長文を画像として保存してSNSに投稿したりなど、いろいろな活用方法がある。スクリーンショットを撮影する方法は機種によって異なるが、大まかには以下の2種類を覚えておけばOKだ。撮影したスクリーンショットは、「フォト」アプリで確認しよう。フォトアプリの下部メニューで「ライブラリ」をタップし、「デバイス内の写真」にある「Screenshots」を開けば、撮影したスクリーンショットが一覧表示される。

スクリーンショットを撮影する方法

1 音量を下げるボタンと電源ボタン長押し

スクリーンショットを撮りたい画面を表示したら、音量を下げるボタンと電源ボタンを長押しする。しばらくするとシャッター音が鳴り、スクリーンショットが撮影される。

2 最近使用したアプリ画面から撮影する

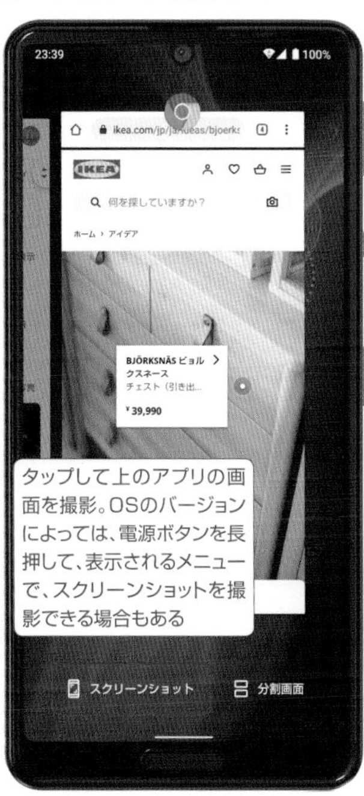

AQUOSなどは、「最近使用したアプリ」画面（No009で解説）に表示される「スクリーンショット」をタップすることで、上に表示されたアプリ画面を撮影することができる。

3 スクリーンショットを確認するには

「フォト」アプリで確認しよう。フォトアプリの下部メニューで「ライブラリ」をタップし、「デバイス内の写真」にある「Screenshots」を開けば、撮影したスクリーンショットのみ一覧表示される。

こんなときは?

スクリーンショットで情報を共有しよう

Webサイトやアプリで調べたイベント情報、宿泊先の情報などを友達や家族と共有したい場合、表示した画面をそのままスクリーンショットしてしまおう。あとは、その画像をメールやLINEなどで送ってしまえば、手っ取り早く情報を共有できる。URLを送るよりも情報が正確に伝わることが多い。

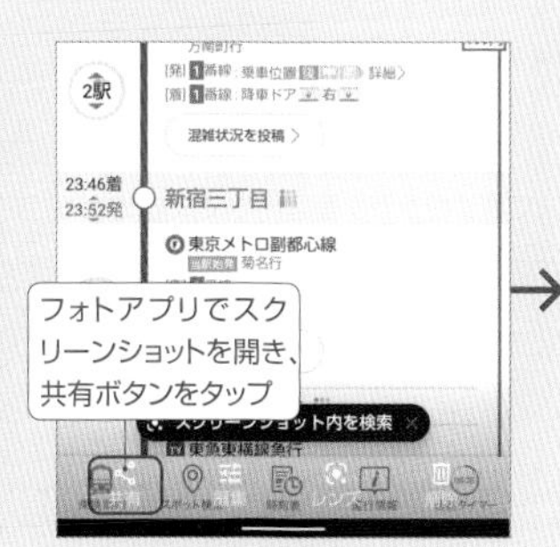

便利

086 意外と知らないシステムナビゲーションの操作ワザ ひとつ前に使ったアプリに即座に切り替える

本体操作

「Webブラウザで調べ物をしつつ、メモアプリでテキストを入力する」といったような、2つのアプリを交互に切り替えながら使うシーンは意外と多い。そんなときは、画面一番下のジェスチャーナビゲーションを右にスワイプしてみよう。ひとつ前に使っていたアプリに、画面を素早く切り替えることが可能だ。元のアプリに戻るには、左にスワイプすればよい。なお、従来の3ボタンナビゲーションで操作している場合は、「最近使用したアプリ」ボタンをダブルタップすると、同様にひとつ前のアプリに素早く切り替えることができる。

1 画面最下部を右にスワイプ

画面最下部のジェスチャーナビゲーションを右にスワイプすると、直前に使っていたアプリに切り替わる。

2 元のアプリに戻すには

もう一度元のアプリに戻したいときは、ジェスチャーナビゲーションを左にスワイプすればよい。

3 3ボタンナビゲーションの場合は

3ボタンの場合は「最近使用したアプリ」ボタンをダブルタップすると直前のアプリに切り替わる。

便利

087 電話の着信音だけ消したい場合 かかってきた電話の着信音をすぐに消す

本体操作

ショッピング中や会議中など、電話に出られない状況で電話がかかってきたとき、すぐに着信音を消したいという場合は、音量ボタンを押せばOKだ。このとき、着信自体は続いているので、とりあえず着信音だけ消し、お店や部屋の外に出てから電話に出るというときに便利。今すぐには出られないのであれば、着信拒否の操作を行ってもいい。着信画面を下にスワイプするか、表示される通知の「拒否」ボタンをタップすれば、着信拒否が行える。

着信中に音量ボタンを押せば、すぐに着信音だけを消せる。これなら画面を見なくても操作可能だ。

便利

088 撮影した写真の保存先も変更する microSDカードで使えるメモリの容量を増やす

本体操作

スマートフォンでは、別途microSDカードを装着することで、最大1TB（端末によって異なる）まで容量を追加することができる。特に写真や動画をたくさん撮影してスマホに保存しておきたい人は、容量の大きなSDカードを装着して、撮影した写真や動画の保存先をSDカードに変更しておくといい。なお、SDカードの装着場所は、ほとんどの場合SIMカードと同じだ。本体側面のカバーを外し、トレイ上に載せて装着することが多い。

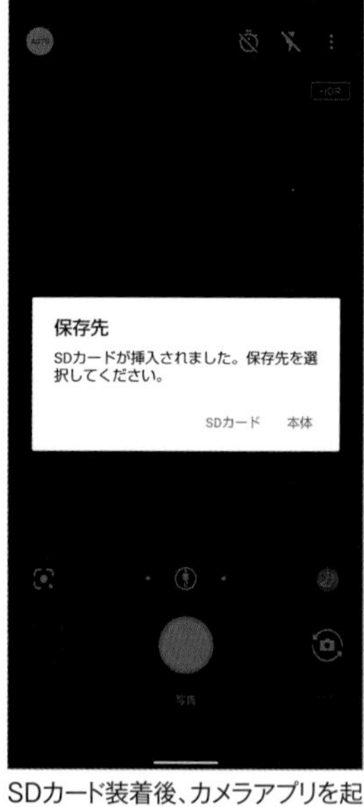

SDカード装着後、カメラアプリを起動すると、保存先をSDカードに変更できるようになる。

便利

高速充電対応製品を選ぼう

089 充電器を購入する際の注意点

本体操作

スマホの充電器は別売りの場合が多いので、充電器の適切な選び方を知っておこう。USB-C端子を備えた最近のスマホなら、USB PDという高速充電規格に対応した出力が20W以上の充電器を選び、USB PD対応のUSB-Cケーブルで接続するのがおすすめ。大容量のバッテリーも高速充電できる。端子がmicro USBなら、Quick Charge 2.0や3.0といった高速充電規格に対応した充電器を選ぼう。メーカー独自の高速充電規格を備えた製品もある。

Anker
PowerPort III Nano 20W
実勢価格／1,780円
USB PD対応のUSB-Cポートを1つ備え、最大20W出力が可能な超小型充電器。

Anker
Anker PowerPort Speed 4
実勢価格／2,999円
Quick Charge 3.0対応のUSB-Aポートを1つと、PowerIQ対応のUSB-Aポートを3つ搭載。合計43.5Wの出力が可能な充電器。

便利

10000mAh程度あれば十分

090 どこでも充電できるモバイルバッテリーを持ち歩こう

本体操作

省エネ設定などで電池をもたせる工夫はできるが、それでも電池切れはスマホの最大の敵。そこで、外出先でもスマホを充電できるモバイルバッテリーを持ち歩こう。最近のスマホは大容量バッテリーを備えた機種が多いので、モバイルバッテリーも重量とのバランスを見つつ、大容量のものを選びたい。10000mAh前後あればスマホを2回ほどフル充電できる。充電器(No089で解説)の場合と同様に、高速充電に対応したものがおすすめ。

Anker
PowerCore Slim 10000 PD 20W
実勢価格／3,990円
10000mAhの大容量ながら、スリムなサイズで持ち運びしやすいモバイルバッテリー。最大20W出力のUSB PD対応USB-Cポートと、最大12W出力のPowerIQ対応USB-Aポートを搭載。

便利

バッテリー節約などにも役立つ

091 機内モードを利用する

本体操作

機内モードは、スマホが電波を発しないように通信を遮断する機能だ。クイック設定ツールにある「機内モード」をオンにすると機能が有効になる。スマホの電波が精密機器に影響を及ぼさないよう飛行機内などで使うほか、バッテリーを節約したいときや、着信や通知を一時的にオフにしたい時にも便利だ。また、電波の状況が悪い時に、機内モードを一度オンにしてすぐオフにすると、すぐに再接続を試して復帰できる場合がある。

クイック設定ツールの「機内モード」をオンにすると、スマートフォンの通信が遮断される。

便利

時計アプリでセットする

092 スマートフォンでアラームを鳴らす

アプリ

スマホでアラームを鳴らすには、標準インストールされている「時計」アプリを使おう。「アラーム」画面を開いて下部の「+」ボタンをタップし、アラームを鳴らす時間を指定したら、あとは「OK」や「保存」をタップすればアラームがセットされる。アラームの詳細画面を開くと、繰り返しの曜日を設定したり、アラーム音を変更したり、バイブレーションの有無を変更可能だ。「削除」をタップするとこのアラームを削除する。

時計アプリを起動し、「アラーム」画面の「+」ボタンでアラームを鳴らす時間を設定する。

便利

093

Googleアシスタントを使ってみよう

「OK Google」でスマホの操作を行う

本体操作

スマートフォンでは、「OK Google」と話しかけるだけで音声検索が行える。AndroidのTVコマーシャルでよく宣伝している機能なので、知っている人も多いはずだ。とはいえ、標準設定のままでは、いくら「OK Google」と話しかけても反応してくれない。まずは、「Voice Match」と呼ばれる設定をオンにして、自分の音声を登録しておく必要がある。設定が済めば、「OK Google」とスマホに話しかけるだけでGoogleアシスタントが起動。音声入力で、各種情報の検索やアプリの操作などを行ってくれる。Googleアシスタントの扱いに慣れると、いろいろな操作が快適に行えるので積極的に使ってみよう。

Voice Matchをオンにして自分の音声を登録

1 Googleアプリを起動する

「OK Google」の機能を使うには、まずGoogleアプリで設定を行う必要がある。Googleアプリを起動したら、画面右下の「…(その他)」ボタンをタップしよう。

2 OK Googleをオンにする

次に、「設定」をタップして設定画面を開き、「音声」→「Voice Match」をタップ。上の画面になるので、「Ok Google」の項目をオンにしよう。

3 自分の音声を登録しておく

Voice Matchを利用するためには、自分の音声を登録する必要がある。「次へ」をタップしたら、画面の表示に従って、スマホに「OK Google」と話しかけよう。これで設定は完了だ。

操作のヒント

「OK Google」と話しかけてできること

スマホに「OK Google」と話しかけると、Googleアシスタントが起動する。ロック中やアプリ起動中でも反応する。続けて「明日の天気は?」と話しかければ、現在地の明日の天気予報を表示してくれる。そのほかにも、電話をかけたり、メールを送信するなど、さまざまな操作を音声で行える。

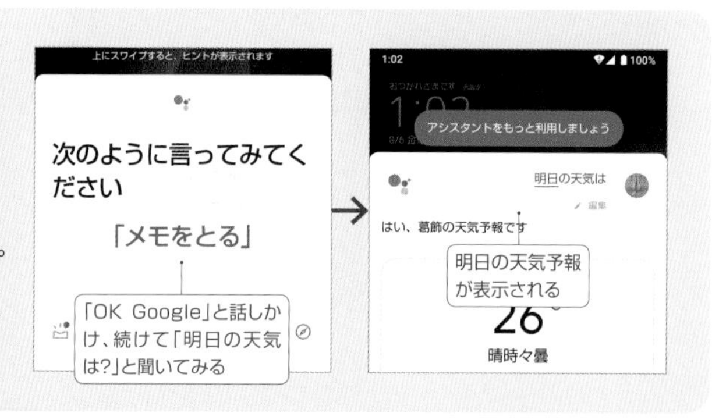

便利 094

まずは端末を再起動してみるのが基本

画面が固まって動かなくなったときの対処法

本体操作

スマートフォンの画面が、タップしても何も反応しない「フリーズ」状態になったら、まずは再起動してみるのが基本だ。電源ボタン、または電源ボタンと音量ボタンの上下どちらかを数秒間押し続けると、強制的に電源が切れる。強制終了したら、再度電源ボタンを1秒以上押して、電源を入れ直そう。再起動しても調子が悪いなら、電源ボタンを2秒以上押して表示される「電源」をタップ。続けて「電源を切る」をロングタップして「OK」をタップする。工場出荷時に近い「セーフモード」で起動するので、最近インストールしたアプリなど、不安定動作の要因になっていそうなものを削除してみよう。

強制再起動とセーフモードでの起動方法

1 強制的に電源を切って再起動する

機種によって異なるが、ほとんどの端末は、電源ボタン、または電源ボタンと音量ボタンの上下どちらかを長押しすることで、強制的に電源を切ることができる。

2 セーフモードで起動する

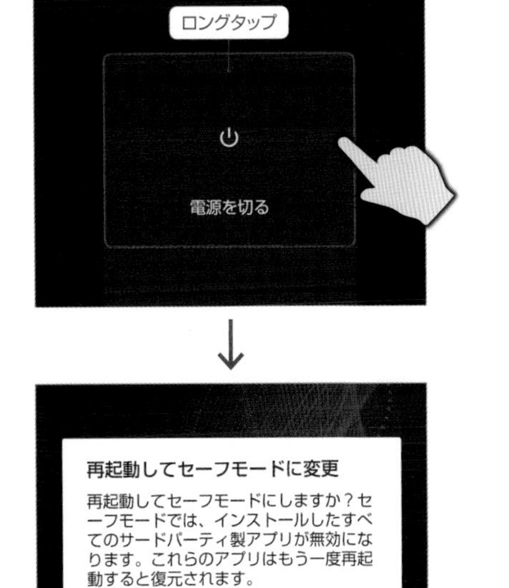

再起動しても調子が悪いなら、電源ボタンを長押しして「電源」をタップ。続けて「電源を切る」をロングタップし、「OK」をタップしてみよう。セーフモード(購入時に近い状態)で再起動できる。

3 セーフモード上でアプリを削除する

セーフモードで起動したら、「設定」→「アプリと通知」画面から、最近インストールしたアプリなどを削除してみよう。もう一度端末を再起動すれば、通常モードに戻る。

こんなときは?

最終手段はスマホの初期化

上記の手順を試してもまだ調子が悪いなら、スマホを初期化してしまえば、高い確率で不具合を解消できる。初期設定からやり直す必要があるが、Googleバックアップから復元を行えば、連絡先や、Gmailのメール、フォトアプリでバックアップ済みの写真や動画などは元に戻せる。

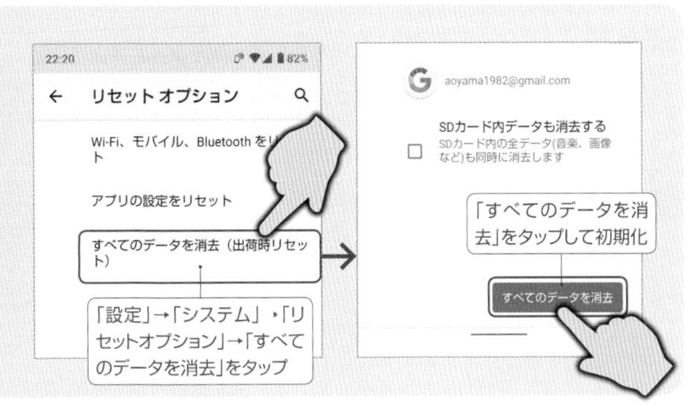

便利

095

各キャリアのアプリで正確な通信量をチェック

通信量(ギガ)をどれだけ使ったか確認する

アプリ

段階制プランだと、少し通信量をオーバーしただけで次の段階の料金に跳ね上がる。また定額制プランでも段階制プランでも、決められた上限を超えて通信量を使い過ぎると、通信速度が大幅に制限される。このような事態を避けるために、現在のモバイルデータ通信量をこまめにチェックしておこう。各キャリアの公式アプリを使うかサポートページにアクセスすると、現在までの正確な通信量を確認できるほか、今月や先月分のテータ量、直近3日間のデータ量、速度低下までの残りデータ量など、詳細な情報を確認できる。

1 ドコモ版での通信量確認方法

ドコモの場合は「My docomo」アプリでログインし、ホーム画面で使用量を確認できる。

2 au版での通信量確認方法

auの場合は「My au」アプリでログインし、ホーム画面で使用量を確認できる。

3 ソフトバンク版での通信量確認方法

ソフトバンクの場合は「My SoftBank」アプリでログインし、ホーム画面で使用量確認できる。

便利

096

アプリを完全終了するか一度削除してみよう

アプリの調子が悪くすぐに終了してしまう

本体操作

アプリの動作がおかしい時は、「最近使用したアプリ」画面(No009で解説)でアプリを一度完全に終了させよう。操作は機種によって異なるが、サムネイルを上や左右にスワイプするか、または「×」をタップすることでアプリを終了できる。再起動後もアプリの調子が悪いなら、そのアプリを一度アンインストールしたのち、Playストアから再インストールし直してみる。これも機種によって操作は異なるが、ホーム画面やアプリ画面でアプリをロングタップし、「アンインストール」にドラッグすれば削除が可能だ。

「最近使用したアプリ」画面で、サムネイルを上や左右にスワイプすると、アプリを完全に終了できる。

完全終了したアプリを再起動しても調子が悪いなら、アプリを一度アンインストールしてみよう。

Playストアで削除したアプリを探して再インストール。購入済みのアプリは無料でインストールできる。

便利

097

ブラウザでGoogle連絡先にアクセス

間違って削除した連絡先は復元できる

本体設定

No038の通り、「連絡帳」アプリで登録した連絡先は、Googleの連絡先のクラウド上に保存されるので、スマートフォン側で連絡先を削除すると、同じGoogleアカウントを使っているタブレットやパソコンでも、同期して連絡先が削除されてしまう。しかし誤って削除した場合でも、30日以内なら、Webブラウザでの操作で復元可能だ。「Google連絡先」(https://contacts.google.com/)にアクセスし、「変更を元に戻す」を実行しよう。

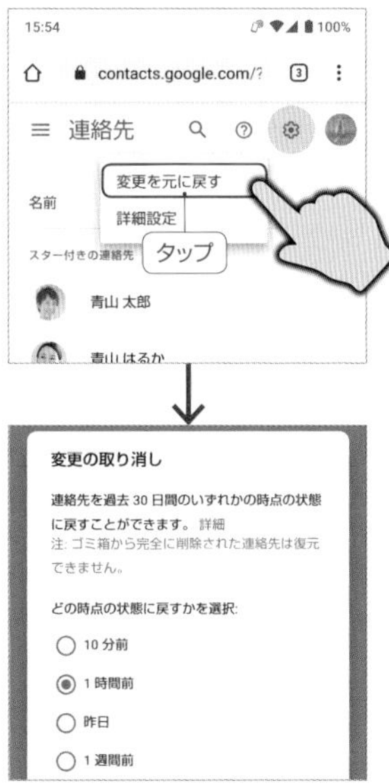

「Google連絡先」にアクセスし、歯車ボタンから「変更を元に戻す」で、連絡先を戻す時点を選択する。

便利

098

欲しいアプリを探し出す

ベストなアプリを見つける検索のコツ

アプリ

Playストアで公開されている膨大なアプリから、欲しいアプリを探し出すには、検索にも工夫が必要だ。まず上部メニューでは、ランキングやカテゴリから探せることを覚えておこう。またキーワード検索では、「カメラ 加工 無料」など、具体的な機能で絞り込むと見つけやすい。日本語と英語で検索結果が異なるので、英語も併用して検索してみるのがおすすめだ。ダウンロード数や評価点(5点満点)、レビューも参考にしよう。

上部のメニューでランキングやカテゴリから探せる。キーワードも具体的な機能を複数組み合わせよう。

便利

099

Playストアアプリでカード情報を更新する

登録したクレジットカードで支払えないときは

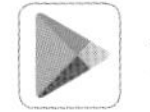

アプリ

これまでアプリ購入などの支払いに使えていたクレジットカードが急に使えなくなった場合は、カードの有効期限切れの可能性が高いので、カード情報を更新しておこう。まず「Playストア」アプリを起動し、メニューを開いて「お支払いと定期購入」→「お支払い方法」をタップ。「お支払いに関するその他の設定」をタップしてGoogle Payにログインし、登録済みカードの「編集」をタップすれば、有効期限などのカード情報を更新できる。別のクレジットカードを使いたい場合は、「カードを追加」から追加しておこう。

Playストアアプリでユーザーボタンをタップし「お支払いと定期購入」→「お支払い方法」をタップ。

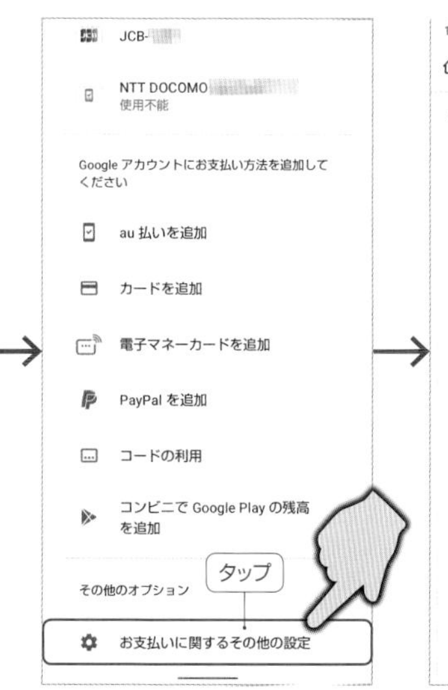

「お支払いに関するその他の設定」をタップ。別のカードを登録するには「カードを追加」をタップ。

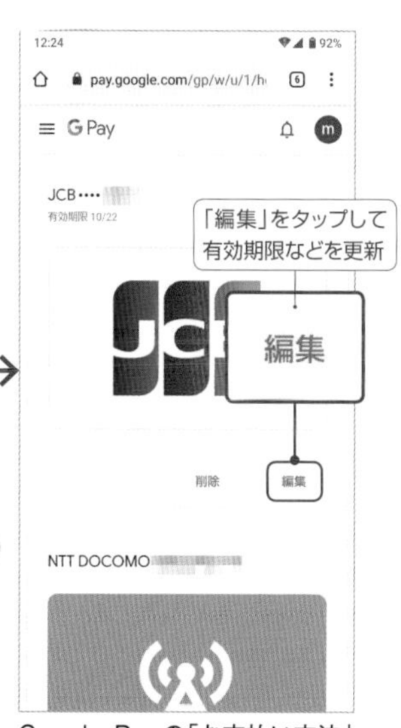

Google Payの「お支払い方法」画面が開き、登録済みのカード情報を編集できる。

便利

100

対応キャリアなら合算して支払える

アプリの料金を毎月の通信料と一緒に支払う

アプリ

有料アプリを購入したりアプリ内課金を行うには、通常はクレジットカードを登録するか、コンビニなどで購入できる「Google Playギフトカード」を登録する必要があるが、対応キャリアであれば、毎月の通信料と合算して支払える「キャリア決済」も選択できるので覚えておこう。ドコモ、au、ソフトバンク、楽天モバイル、mineoがキャリア決済に対応しているが、楽天モバイルは支払いにクレジットカードを設定済みのユーザーのみ利用可能で、mineoは「Dプラン・デュアルタイプ」でのみ利用可能となっている。

Playストアアプリでユーザーボタンをタップし「お支払いと定期購入」→「お支払い方法」をタップ。

「○○払いを追加」(○○にはキャリア名が入る)をタップし、続けて「有効」をタップする。

元の「お支払い方法」画面に戻って、キャリア名が表示されていれば、キャリア決済で支払える。

便利

101

不要な定期購入を解約しよう

解約し忘れたサブスクがないか確認する

アプリ

カード会社の明細に記された数百円の謎の支払い。よくよく調べてみたら、いつだか試したアプリに毎月課金され続けていた…ということはありがちだ。単に解約し忘れていることもあるが、無料を装って課金に誘導する悪質なアプリもある。アプリ内課金や定額サービスの加入状況を一度しっかりチェックしておこう。Playストアアプリのメニューから「定期購入」をタップすると、契約中の定期購入アプリやサービスを確認できる。タップして「定期購入を解約」をタップすれば、すぐに解約することが可能だ。

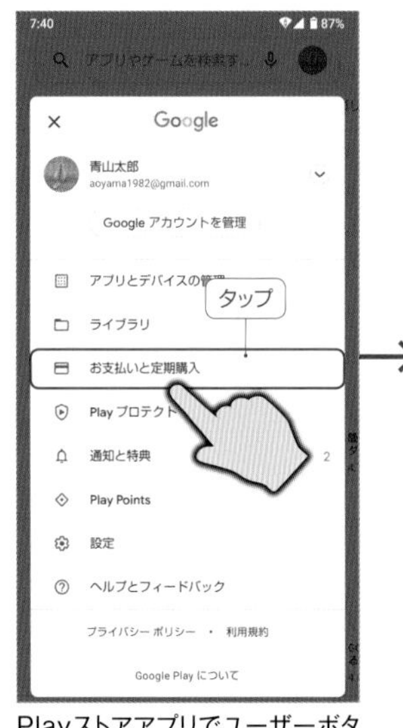

Playストアアプリでユーザーボタンをタップし「お支払いと定期購入」→「定期購入」をタップ。

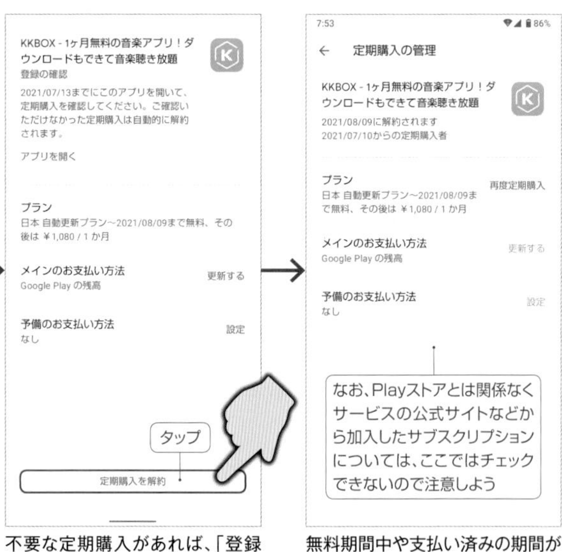

不要な定期購入があれば、「登録の確認」をタップし、「定期購入を解約」で解約しておこう。

無料期間中や支払い済みの期間が残っている場合は、期限が切れるまで有料機能を利用できる。

便利 102

「端末を探す」で位置を特定しよう

紛失したスマートフォンを探し出す

アプリ

スマートフォンを紛失した際は、他のスマートフォンなどで「端末を探す」アプリ(ない場合はPlayストアで入手できる)を使えば、端末の現在地を特定したり、音を鳴らしたり、画面をロックすることができる。端末を回収できない時は、個人情報の漏洩阻止を最優先として、遠隔でデータを消去し初期化することも可能だ。ただしこれらの機能を使うには、紛失した端末がネットに接続されている必要がある。また、「設定」→「位置情報」→「位置情報の使用」のスイッチがオンになっており、「設定」→「Google」→「セキュリティ」→「デバイスを探す」のスイッチもオンになっているか、確認しておこう。

「端末を探す」アプリの使い方

1 「端末を探す」で紛失した端末を探す

万一端末を紛失してしまったら、他のスマートフォンやタブレットで「端末を探す」アプリを起動して、紛失したデバイスを選択しよう。現在地を地図で確認できる。

2 音を鳴らしたり端末をロックする

「音を鳴らす」をタップすると、最大音量で5分間音を鳴らして端末の位置を確認できる。「デバイスを保護」をタップすると、即座にロックし、画面上に電話番号やメッセージを表示できる。

3 データを消去し端末をリセットする

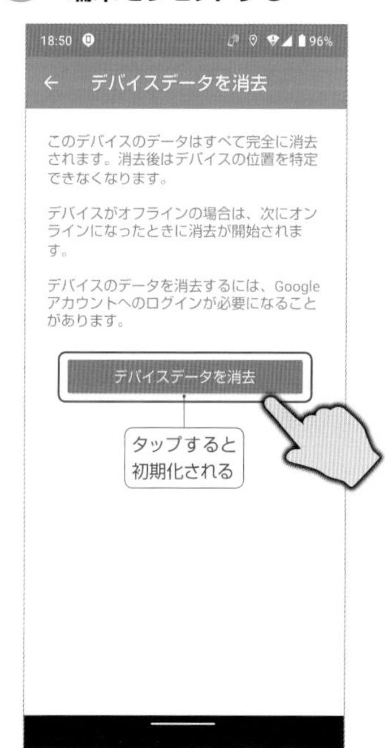

端末がどうしても見つからず、個人情報を消しておきたいなら、「デバイスデータを消去」で初期化できる。ただし、それ以降「デバイスを探す」で操作できなくなるので操作は慎重に。

こんなときは?

Webブラウザでも端末を探せる

「端末を探す」アプリを使えないときは、パソコンなどのWebブラウザで「デバイスを探す」(https://android.com/find)にアクセスしよう。Googleアカウントでログインすれば、アプリと同様に遠隔操作で端末の音を鳴らしたり、ロックしたり、データを消去できる。

2021年9月20日発行

編集人
清水義博

発行人
佐藤孔建

発行・発売所
スタンダーズ株式会社
〒160-0008 東京都新宿区
四谷三栄町 12-4 竹田ビル3F
TEL 03-6380-6132

印刷所
株式会社シナノ

Staff

Editor
清水義博(standards)

Writer
西川希典

Cover Designer
高橋コウイチ(WF)

Designer
高橋コウイチ(WF)
越智健夫

本書の記事内容に関するお電話でのご質問は一切受け付けておりません。編集部へのご質問は、書名および何ページのどの記事に関する内容かを詳しくお書き添えの上、下記アドレスまでEメールでお問い合わせください。内容によってはお答えできないものや、お返事に時間がかかってしまう場合もあります。

info@standards.co.jp

書店様用ご注文FAX番号
03-6380-6136

https://www.standards.co.jp/